新时代网络安全体系建设研究

万立　著

延边大学出版社

图书在版编目（CIP）数据

新时代网络安全体系建设研究 / 万立著. -- 延吉 : 延边大学出版社, 2023.6
ISBN 978-7-230-05137-8

Ⅰ. ①新… Ⅱ. ①万… Ⅲ. ①网络安全－体系建设－研究－中国 Ⅳ. ①TN915.08

中国国家版本馆 CIP 数据核字(2023)第 108954 号

新时代网络安全体系建设研究

著　　者：万　立
责任编辑：张　艳
封面设计：延大兴业
出版发行：延边大学出版社
社　　址：吉林省延吉市公园路 977 号　　邮　　编：133002
网　　址：http://www.ydcbs.com　　E-mail：ydcbs@ydcbs.com
电　　话：0433-2732435　　传　　真：0433-2732434
制　　作：山东延大兴业文化传媒有限责任公司
印　　刷：三河市嵩川印刷有限公司
开　　本：787×1092　1/16
印　　张：16.5
字　　数：247 千字
版　　次：2023 年 6 月 第 1 版
印　　次：2023 年 6 月 第 1 次印刷
书　　号：ISBN 978-7-230-05137-8

定价：86.00 元

作 者 简 介

万立，男，山东定陶人，高级工程师，目前就职于菏泽市网络安全与信息化服务中心，2017年毕业于北京大学，硕士研究生学历，主要从事网络安全、信息化方面的工作。

前　言

近年来，我国高度重视网络安全工作及信息化工作，习近平总书记提出："没有网络安全就没有国家安全，就没有经济社会稳定运行，广大人民群众利益也难以得到保障"。近年来，网络安全部门顶层架构设计和立法进程加快，网络强国战略的实现很大程度上依赖于网络安全，网络安全体系的建设也成为网络安全发展进程中的重要条件。在网络安全发展的过程中，网络安全体系建设的作用是不可替代的，全面提升网络安全需要建立在加强网络安全体系建设的基础上。新时代网络安全体系建设涉及多方面，十分有必要对新时代网络体系安全建设进行研究。

本书共分为六章。第一章是新时代网络安全概述，分别介绍新时代网络安全的概念，新时代网络安全的发展，新时代网络安全的目标、内容及基本要素，新时代网络安全的威胁因素与风险评估。第二章是新时代网络安全基础设施体系建设，分别介绍物理环境安全建设，计算机硬件设施安全体系建设，软件安全设施体系建设，网络安全合规性建设。第三章是新时代网络安全防御体系建设，分别介绍边界安全，传输安全，局域网安全，准入安全，身份与访问管理，零信任。第四章是新时代网络安全应用体系建设，分别介绍应用系统安全设计与应用安全开发，Web 端编码安全，服务器端编码安全，移动 App 应用安全，开源及第三方软件安全。第五章是新时代网络安全运维体系建设，分别介绍安全运维概述，安全运维规程，安全运维活动体系建设，安全运维支撑体系建设与 IT 运维服务，安全运维持续改进体系建设。第六章是新时代网络安全防护体系建设方案与新思路，分别介绍新时代网络安全防护体系建设要求，新时代网络安全防护体系建设方案，新时代网络安全防护体系建设新思路。

笔者在撰写本书的过程中，参考了大量的文献和资料，在此对相关文献、资料的作者表示由衷的感谢。此外，由于笔者的时间和精力有限，书中难免会存在不妥之处，敬请广大读者和各位同行予以批评指正。

目　录

第一章　新时代网络安全概述

第一节　新时代网络安全的概念

随着网络的发展，网络安全成为一个敏感的话题。目前，普遍意义上的网络安全是指通过采用各种技术和管理措施，使网络系统正常运行，从而确保网络数据的可用性、完整性和保密性。网络安全的具体含义会随着“角度”的变化而变化。比如：网络安全从个人的角度来说，最重要的是涉及个人隐私的信息能保证其机密性、完整性和真实性，在网络上传输时受到保护；从企业的角度来说，最重要的是对企业的内部信息进行安全加密及保护。

近几年的技术革新如火如荼的开展，网络安全的概念更加丰富，网络安全影响的范围也更加广泛。一种普遍的说法是，网络安全已经过渡到了网络空间安全，在技术维度上，增加了空间维度。这是因为现在的网络技术正在创造一个与物理空间相对应的虚拟空间，也就是网络空间。现实世界中的安全概念本就内涵丰富，那么将安全概念映射到网络空间，安全概念的内涵就更加丰富了。

一、网络安全的主要特点

（一）保密性

信息不泄露给非授权用户、实体、过程，或供其使用的特性。

（二）完整性

数据未经授权不能改变的特性，即信息在存储或传输过程中保持不被修改、不被破坏和丢失的特性。

（三）可用性

可被授权实体访问并按需求使用的特性。网络环境下拒绝服务、破坏网络和有关系统正常运行的行为都属于对可用性的攻击。

（四）可控性

可对信息的传播及信息的内容进行控制、稳定、保护、修改的特性。

（五）可审查性

当出现安全问题时，可以提供调查依据与手段的特性。

对网络运行的管理者来说，他们希望本地网络信息的访问、读写等操作受到保护和控制，避免“陷门”出现被病毒、非法存取、拒绝服务和网络资源非法占用和非法控制等现象，并能防御和制止网络黑客的攻击。对安全保密等要害部门来说，他们希望对非法的、有害的或涉及国家机密的信息进行过滤和防堵，避免泄露机要信息，避免对社会产生危害、对国家造成损失。从社会教育和意识形态来讲，网络上的不健康内容，会阻碍社会的稳定和人类的发展，必须对网络进行控制。

随着计算机技术的迅速发展，计算机的处理业务也由基于单机的数学运算、文件处理，基于简单连接的内部网络的内部业务处理、办公自动化等发展到基于复杂的内部网、企业外部网、全球互联网的企业级计算机处理系统和世界范围内的信息共享和业务处理。在系统处理能力提高的同时，系统的连接能力也在不断提高，但在提高连接能力、流通能力的同时，网络连接的安全问题也日益突出。网络安全主要表现在以下几个方面：网络物理安全、网络拓扑结构安全、网络系统安全、应用系统安全和网络管理安全等。

因此对于计算机安全问题，一方面需要意识到安全问题的普遍存在性，就如同现实世界当中，我们每时每刻都会面临各种风险一样；另一方面需要提高防范风险的意识，就像每家每户都要有防火防盗的意识一样，做到防患于未然。

在维护网络安全上，需要关注以下几个方面：首先，在法律上，在2017年6月1日，《中华人民共和国网络安全法》正式生效实施，这是我国网络安全方面的根本性法律。同日生效的还有《互联网新闻信息服务管理规定》《互联网信息内容管理行政执法程序规定》，同时解密了《党委（党组）网络安全工作责任制实施办法》。在2021年，国家相继出台《中华人民共和国数据安全法》《关键信息基础设施安全保护条例》和《中华人民共和国个人信息保护法》，这些法律的颁布实施为网络安全工作的开展提供了强有力的法律依据。其次，在手段和工具上，保障网络安全的设备有各种防火墙设备、Web应用防火墙（WAF）、IPS（入侵防御系统）、IDS（入侵检测系统）、行为审计系统、数据库审计系统、网闸、文件审计系统及堡垒机等设备，同时还有数字证书、数字签名、各种终端防护软件等设备。通常，需要至少两种以上的软硬件设备搭配，才能构建基础的防护能力。最后，在责任和意识上，需要公司和单位制订与具体业务相匹配的管理规则。

二、网络安全威胁

技术具有两面性，一方面会给社会带来效率和便利，另一方面也会给社会带来新的风险。目前，网络面临的安全威胁主要有以下几方面：

（一）非授权访问和“黑客”攻击

非授权访问是指没有经过同意或授权，就使用网络或计算机资源的行为。例如，有意避开网络系统的控制机制，对网络设备及资源进行非正常使用，或擅自扩大权限，越权访问信息。非授权访问主要有以下几种形式：假冒、身份攻击、非法用户进入网络系统进行违法操作、合法用户以未授权的方式进行操作等。操作系统不免存在这样或那样的漏洞，一些人就利用系统的漏洞，进行网络攻击，其主要目标就是对系统数据的非法访问和破坏。“黑客”攻击已有十几年的历史，“黑客”活动几乎覆盖了所有的主流操作系统，从而严重危害了网络安全。

（二）拒绝服务攻击

拒绝服务攻击的原理是通过伪造正常的请求去申请系统服务，让伪造的请求挤兑系统资源，系统资源被过度使用后，就会拒绝正常的请求，从而导致系统服务瘫痪。

最早的拒绝服务攻击是“电子邮件炸弹”，它能使用户在很短的时间内收到大量的电子邮件，使用户系统不能处理正常的业务，严重时会使用户系统崩溃、网络瘫痪。

目前比较普遍的拒绝服务攻击是分布式拒绝服务攻击。分布式的意思就是发起拒绝服务攻击的终端有多个，比如黑客控制了一个僵尸主机集群，其主机群内的主机数量可能成百上千，这些主机接受黑客的指令，在同一时间对目标系统发起拒绝服务攻击，导致目标系统瞬间遭遇海量请求，从而致使目标系统响应不及和网络瘫痪，影响正常业务。拒绝服务攻击主要攻击大型互联网公司和游戏公司的网络系统，因为这些公司的网络系统一旦中断服务，会严重影响公司的业务和形象。

（三）计算机病毒

计算机病毒指编制或者在正常计算机程序中插入的能破坏计算机功能、数据，影响计算机正常使用并且能够自我复制的一组计算机指令。计算机病毒具有传播性、隐蔽性、感染性、潜伏性、可激发性、表现性及破坏性。计算机病毒的生命周期：开发期→传染期→潜伏期→发作期→发现期→消化期→消亡期。计算机病毒是一个统称，后面的木马、蠕虫等都属于计算机病毒。一般情况下，计算机病毒具有破坏性。最初，计算机病毒的编写者大多出于炫技的目的，但是后来的一些计算机病毒就带有很强的破坏性，如 CIH 病毒和熊猫烧香病毒，这些病毒不仅破坏系统文件和数据，甚至还会破坏计算机硬件。而 2017 年爆发的勒索病毒，则是受经济利益驱使而出现的病毒。

1.特洛伊木马

特洛伊木马可理解为类似远控软件的病毒，它可以一直在电脑中潜伏，伺机接收黑客的控制指令，以达到黑客的目的。特洛伊木马来自希腊传说，相传希腊联军对特洛伊城久攻不下，于是假装撤退，留下一具巨大的中空木马，特洛伊守军不知是计，把木马运进城中作为战利品。夜深人静之际，躲藏在木马腹中的希腊士兵打开城门，希腊联军攻入特洛伊城，特洛伊由此沦陷。后人常用“特洛伊木马”这一典故，用来比喻在敌方营垒里埋下伏兵的举动。现在有的病毒伪装成一个实用工具或者一个游戏甚至一个位图文件，诱使用户将其安装在 PC 或者服务器上。这样的病毒就被称为“特洛伊木马”，简称“木马”。

2.蠕虫

蠕虫病毒是一种能够自我复制的计算机程序。与其他计算机病毒不同的是，蠕虫病毒不需要依附在别的程序内，不用介入使用者的操作也能自我复制或执行。蠕虫病毒一般不会直接破坏被感染的系统，但却会造成整个网络的阻塞。蠕虫病毒可能会执行垃圾代码以发动分散式阻断服务的攻击，大大降低计算机的执行效率，从而影响计算机的正常使用。

（四）“活板门”

“活板门”是一种给攻击者留下“后门”的不合法的操作系统程序。通常情况下，这是因某些内部编程人员为达到某些特定目的而在编写的程序中故意隐藏或保留的缺陷，以此在网络系统中放入“活板门”。

（五）恶意软件

在我们的日常生活、工作中，除了计算机病毒、木马病毒外，面临的最大风险就是恶意软件。比如我们经常会从一些免费的下载站点下载、安装一些应用软件，这些软件当中，有相当一部分附带了恶意软件。这些软件虽然能够帮助我们完成一定的工作或达到一定的目的，但是又会在我们不知情的情况下，做一些损害我们利益的事。恶意软件有8个明显的特征：强制安装、难以卸载、浏览器劫持、广告弹出、恶意收集用户信息、恶意卸载、恶意捆绑及其他一些恶意行为。

（六）信息泄密

信息泄密指重要信息在有意和无意中被泄露和丢失的现象。如信息在传递、存储、使用的过程中被窃取等。信息泄露看似距离我们很远，但其实距离我们很近。如果身在机密部门，会经常收发一些秘密甚至机密文件，但是这些文件的保存、传递、销毁流程是否被严格执行？亦或这些地方的安保措施是否到位、是否有相匹配的应急方案？

这里有一个警示案例。当年有一张报道我国“铁人”王进喜的照片，背景是刚被发现的大庆油田。日本的石油设备制造企业根据照片上王进喜的衣着推断出了大庆油田位于齐齐哈尔与哈尔滨之间；通过照片中王进喜所握手柄的架势，推断出了油井的直径；从王进喜所站的钻井与背后油田间的距离以及井架密度，推断出了油田的大致储量和产量。有了如此多的准确情报，日本的石油设备制造企业大胆推断：中国需要的炼油设备要具备每天炼油 1 万吨的能力，而中国在未来几年之内势必会缺乏炼油设备，所以将日本的炼油设备卖给中国是完全可行的。果然，不久之后，中国石油企业就开始在全世界范围内购买日产 1 万吨的炼油设备，早有准备的日本，正好以炼油设备有现货、价格低、符合中国实际生产能力为卖点，从而大举获利。

（七）网站攻击

在网络安全防护中，我们还会经常遇到钓鱼攻击、鱼叉攻击和水坑攻击。

钓鱼攻击，顾名思义，就如同下钩钓鱼一样。有句谚语叫“姜太公钓鱼，愿者上钩”，钓鱼攻击者正是利用这个思路，通过邮件等形式，大量发布伪装成正常邮件的攻击邮件，一般这些攻击邮件都带有隐藏的病毒或者链接。对于大多数人而言，会一眼看出这些邮件的问题，不会去点击，但是，这类邮件会被成千上万次地发送出去，遵循的是以数量换结果的思路。钓鱼攻击是目前一种比较常见的攻击方式，虽然它的攻击成功率比较低，但是由于它的攻击简单，可以批量实施，所以攻击效果显著。

鱼叉攻击，鱼叉攻击是定向攻击，攻击者通常“见鱼而使叉”，比如黑客盯上了某个公司、单位等，便会针对目标实施攻击。在鱼叉攻击中，因为攻击的目标是确定的，所以攻击的方式也会更加定制化，如先窃取机构的联系目录，伪装成某个高层，再发送包含攻击软件的信息，引导特定人群点击。

水坑攻击，是在受害者必经之路设置了一个“水坑（陷阱）”，让受害者掉入其中。与鱼叉攻击和钓鱼攻击不同，水坑攻击采用了一种间接的攻击方法：攻击者先分析目标人群经常访问的网站，然后入侵其中一个或多个网站，植入恶意软件，此时，一旦攻击目标访问该网站就会“中招”。水坑攻击借助了攻击目标所信任的网站，攻击成功率很高，即便是那些具有防护能力的组织，都可能不慎“入坑”。

三、网络安全策略

网络世界中的风险层出不穷，要想保障网络安全，需要借助以下策略：

（1）威严的法律。社会的法律、法规是网络安全的基础，要制订一系列的与网络安全管理有关的标准，制订与信息安全有关的法律法规，让那些不守法的人望而却步。

（2）先进的技术。为了保证网络的安全性，网络管理者需要对网络中存在的各种威胁做出有效的评价，并针对不同类型网络中出现的各种网络攻击，采用不同的网络管理方式，把网络安保技术整合起来。

（3）严格的管理。所有的网络使用机构都应该制订出与网络安全相适应的网络安全管理方法，对网络安全进行强化，同时还应构建审核和追踪系统，以此来提升全体网络使用者的信息安全意识。

(4) 到位的意识。网络的服务对象是人，人反过来也是网络的维护者。使用网络的人需要对网络及网络的风险有一个清晰的认识，才会有通过技术手段维护网络安全的主动性。要利用培训等诸多形式，将网络安全风险意识普及到位。

四、网络安全的五要素

网络安全包括 5 个基本要素：机密性、完整性、可用性、可控性与可审查性。

(1) 机密性。确保信息不暴露给未授权的实体或进程。

(2) 完整性。只有得到允许的人才能修改数据，并且能够判断出数据是否已经被篡改。

(3) 可用性。得到授权的实体在需要时可访问数据，即攻击者不能占用所有的资源从而妨碍授权者的工作。

(4) 可控性。可以控制授权范围内的信息流向及行为方式。

(5) 可审查性。对出现的网络安全问题提供调查的依据和手段。

五、网络安全服务、机制与技术

(1) 网络安全服务。包括控制服务、数据机密性服务、数据完整性服务、对象认证服务、防抵赖服务。

(2) 网络安全机制。包括访问控制机制、加密机制、认证交换机制、数字签名机制、防业务流分析机制。

(3) 网络安全技术。包括防火墙技术、加密技术、鉴别技术、数字签名技术、审计监控技术、病毒防治技术。

在安全的网络环境中，用户可以自由使用各种网络安全应用。网络安全应用由一些网络安全服务实现，而网络安全服务又由各种网络安全机制或网络安全技术实现。应当指出的是，在同一网络安全机制中，有时也可实现不同的网络安全服务。

六、网络安全工作目的

网络安全工作的目的就是为了在法律、法规、政策的支持与指导下，通过相应的技术与管理措施完成以下任务：

（1）使用访问控制机制，阻止非授权用户进入网络，即“进不来”，从而保证网络系统的可用性。

（2）使用授权机制，实现对用户的权限控制，即“不该拿走的拿不走”，同时结合内容审计机制，实现网络资源及信息的可控性。

（3）使用加密机制，确保信息不暴露给未授权的实体或进程，即“看不懂”，从而实现信息的保密性。

（4）使用数据完整性鉴别机制，保证只有得到允许的人才能修改数据，而其他人不能修改，从而确保信息的完整性。

（5）使用审计、监控及防抵赖等安全机制，使攻击者、破坏者、抵赖者无法否认，并进一步对网络中出现的安全问题提供调查依据和手段，实现信息安全的可审查性。

第二节　新时代网络安全的目标、内容及基本要素

一、网络安全的目标

网络安全是一门涉及计算机科学、网络通信技术、密码技术、信息安全技术、应用数学、信息论等多种学科的综合性学科。网络安全的目标主要表现在以下方面：

（一）可用性

可用性是网络信息服务在被需要时，允许授权用户或实体使用的特性。可用性最基本的功能是向用户提供服务，而用户的需求是随机的、多方面的，有时还有时间要求。可用性一般用系统正常使用时间和整个工作时间之比来度量。

可用性应保证用户能正常使用网络。因此要使用故障诊断、识别与检验和访问控制等技术保证用户正常使用网络。

可用性应该满足以下要求：身份识别与确认、访问控制、业务流控制、路由选择控制。可以把网络信息系统中发生的所有安全事件存储在安全审计跟踪之中，以便分析原因、分清责任，及时采取相应的措施解决问题。审计跟踪的信息主要包括：事件类型、被管客体等级、事件时间、事件信息、事件回答及事件统计等。

（二）保密性

保密性是信息不泄露给非授权用户、实体或过程，也不能供其利用的特性。这些信息不仅包括国家机密，也包括企业和社会团体的商业机密，还包括个人信息。人们在使用网络时很自然地要求网络提供保密性服务，而被保密的信息既包括在网络中传输的信息，也包括存储在计算机系统中的信息。

（三）完整性

完整性是网络信息在存储或传输过程中保持不被偶然或蓄意地删除、修改、伪造、乱序、重放、插入等破坏和丢失的特性。完整性是防止信息系统内部程序和数据被非法删改、复制和破坏的一种技术手段，要求能保持信息的原样，即信息能够正确生成、正确存储和传输，完整性分为软件完整性和数据完整性两个方面。

软件完整性是为了防止网络信息被拷贝或拒绝动态跟踪，而使软件具有唯一标识的特性。为了防止被修改，软件应具有抗分析的能力和手段。

数据完整性是以数据服务于用户为首要要求，保证存储或传输的数据不被非法插入、删改，保证数据完整性和真实性的特性。尤其是那些要求极高的信息，如密钥、口令等更需要数据完整性的保护。

完整性与保密性不同，保密性要求信息不被泄露给未授权的人，而完整性则要求信息不受到各种原因的破坏。影响网络信息完整性的主要因素有：设备故障、误码、人为攻击、计算机病毒等。

保障网络信息完整性的主要方法如下：

（1）协议。通过各种安全协议可以有效地检测出被复制的信息、被删除的字段、失效的字段和被修改的字段等。

（2）纠错编码。纠错编码已成功地应用于各种通信系统中，在图像通信中也得到日益广泛的应用。在数据传输中，主要有三种纠错编码的方法，即自动请求重发、前向纠错和混合纠错。

（3）密码校验。具体要求和规则是密码只能由数字、字母组成，不能有特殊符号，并且长度限制在 8～10 位。

（4）数字签名。数字签名类似于写在纸上的普通物理签名，但是应用了公钥加密的技术，是用于鉴别数字信息的手段。

（5）公证。请求网络管理或中介机构证明信息的真实性。

（四）不可抵赖性

不可抵赖性也称为不可否认性，指在网络信息系统的信息交流过程中，确保所有参与者不可否认或抵赖曾经完成的操作和承诺的特性。利用信息源证据，可以防止发信方否认已发送信息的事实，利用递交接收证据，可以防止收信方收信后否认已经接收信息的事实。

（五）可控性

可控性是指对网络信息的传播及信息内容具有控制能力的特性。信息交换的双方应能鉴别对方的身份，以保证收到的信息是所确认的对方发送过来的真实信息。信息传输中信息的发送方可以要求提供通知，但不能否认从未发过任何信息，不能声称该信息是接收方伪造的；信息的接收方不能修改、伪造收到的信息，也不能抵赖收到的信息。在信息化的进程中，每一项操作都应由相应实体承担，操作的一切后果都应留有记录，并保留必要的时限以便审查，防止操作者推卸责任。

二、网络安全的内容及基本要素

（一）网络安全主要内容

网络安全指通过各种技术手段和安全管理措施，保护网络系统的硬件、软件和信息资源免于受到各种自然或人为的破坏影响，保证网络系统连续、可靠地正常运行。信息安全是网络安全的核心，信息安全保护信息资源的机密性、完整性和真实性，网络安全的核心任务是控制信息的内容及信息的传播。

按照网络安全的层次来划分，网络安全可以分为物理安全、运行系统安全和网络信息安全三部分。

1.物理安全

物理安全即实体安全，指保护计算机设备、网络设施及其他媒体免遭地震、水灾、火灾、雷击、有害气体和其他环境事故（包括电磁污染等）的破坏，以及防止人为的操作失误和各种计算机犯罪导致的破坏等。

物理安全是网络安全的基础和前提，是不可缺少的重要环节。只有物理环境安全了，才有可能提供安全的网络环境。物理安全进一步可以分为环境安全、设备安全和媒体安全。环境安全包括计算机系统机房环境安全、区域安全、灾难保护等，设备安全包括设备的防盗、防火、防水、防电磁辐射、防线路截获、抗电磁干扰及电源防护等，媒体安全包括媒体本身安全及媒体数据安全等。

2.运行系统安全

运行系统安全的重点是保证网络系统的正常运行，避免由于系统崩溃而使系统中正在处理、存储和传输的数据丢失。运行系统安全主要涉及计算机硬件系统安全、软件系统安全、数据库安全、机房环境安全和网络环境安全等。

3.网络信息安全

网络信息安全要保证在网络上传输的信息的机密性、完整性和真实性不受侵害，确保经过网络传输、交换和存储的数据不会发生增加、修改、丢失和泄露等。网络信息安全主要涉及安全技术和安全协议设计等内容。网络信息安全通常采用的安全措施包括身份认证、访问权限、安全审计、信息加密和数字签名等。另外，网络信息安全还应当包括防止和控制非法信息或不良信息的传播。

（二）网络安全基本要素

网络安全的重点是保证传输信息的安全性。网络安全涉及机密性、完整性和真实性，还包括可靠性、可用性、不可抵赖性、有效性及可控性等，以上要素共同构成了网络安全的基本要素。

1.机密性

机密性是保证在网络上传输的信息不被泄露，防止信息被非法窃取的特性。通常采用信息加密技术来防止信息泄露。此外，还可采用防窃听和防辐射等预防措施来防止信息泄露。

2.完整性

完整性是通过多种技术手段防止信息被丢失、伪造、篡改、窃取及破坏，保证收发数据一致的特性。

3.真实性

真实性是在网络环境中对用户身份及信息的真实性进行鉴别，防止出现伪造情况的特性。

4.可靠性

可靠性是网络系统安全的基本要求，是指保证网络系统在规定的时间和条件下完成规定功能的特性。

5.可用性

可用性是保证合法用户及时得到所需资源，其合理要求不会被拒绝的特性。可用性可以通过身份认证、访问控制、数据流控制、审计跟踪等措施予以保证。

6.不可抵赖性

不可抵赖性是保证网络环境中的参与者不能对其曾经的操作或承诺抵赖或否认的特性。不可抵赖性通常采用数字签名、身份认证、数字信封及第三方确认等机制予以保证。

7.有效性

有效性是能够对网络故障、操作失误、应用程序错误、计算机系统故障、计算机病毒及恶意攻击等产生的潜在威胁予以控制和防范，能够在规定的时间和地点保证网络系统有效运行的特性。

8.可控性

可控性是能够通过访问授权来控制使用资源的人或实体对网络的使用方式，能够防止和控制非法信息或不良信息传播的特性。

第三节　新时代网络安全的威胁因素与风险评估

网络的开放性和共享性在方便人们使用网络的同时，也使得网络系统容易受到黑客攻击。网络的安全威胁是指对网络系统的网络服务、网络信息的机密性和可用性产生不利影响的各种因素，同时还包括缓冲区溢出、假冒用户、电子欺骗等网络安全漏洞。

一、网络安全漏洞

目前，没有安全漏洞的计算机网络几乎是不存在的。安全漏洞是网络被攻击的客观原因，它与许多技术因素有关。

（一）漏洞的概念

漏洞是指在硬件、软件的具体应用过程中或在系统安全策略上存在的缺陷，漏洞可以使攻击者能够在未被授权的情况下访问或破坏系统。

漏洞可能来自应用软件或操作系统设计时的缺陷，或编码时产生的错误，也可能来自业务交互处理过程中的设计缺陷或逻辑流程上的不合理之处。这些缺陷、错误或不合理之处可能被有意或无意地利用，从而对一个组织的资产或运行造成不利影响，如信息系统被攻击或控制、重要资料被窃取、用户数据被篡改、系统被作为入侵其他主机系统的跳板等。从目前发现的漏洞来看，应用软件中的漏洞远远多于操作系统中的漏洞，特别是 Web 应用系统中的漏洞更是占信息系统漏洞中的大多数。

（二）漏洞类型

根据漏洞的载体类型，漏洞主要分为操作系统漏洞、网络协议漏洞、数据库漏洞和网络服务漏洞等。

1.操作系统漏洞

操作系统漏洞是指计算机操作系统本身所存在的问题或技术缺陷。以 Windows 操作系统为例，可以打开“开始”菜单，单击“控制面板”，在新开启的窗口中依次打开“Windows 安全中心”和“自动更新”查看当前计算机的自动更新设置。

2.网络协议漏洞

网络协议的目标是保证通信和传输顺畅进行。网络协议没有内在的控制机制支持源地址的鉴别，这是网络协议存在漏洞的根本原因。黑客就会利用网络协议的漏洞，使用侦听方法来获取数据，对数据进行检查，进而推测网络协议的序列号、修改传输路由、修改鉴别过程、插入黑客指令等。

3.数据库漏洞

数据库作为非常重要的存储工具，往往会存放着大量有价值或敏感的信息，这些信息包括金融财政、知识产权、企业数据等方方面面的内容。因此，数据库往往会成为黑客们的主要攻击对象。总有大批“创意百出”的黑客不断制作出新方法染指各类数据。然而，也有很大一部分黑客不断重复老旧套路——因为同样老旧的漏洞一直在各个企业里涌现。

笔者列出了几个最常见的数据库安全漏洞问题，希望大家可以引以为戒。

（1）错误的部署

错误的部署极易让数据库陷入危险之中。在进行部署之前，全面检查、测试数据库是非常有必要的，以此确保数据库能胜任其应该承担的工作。

（2）离线服务器数据泄露

公司数据库可能会托管在不接入互联网的服务器上，但其实无论有没有互联网连接，数据库都有可供黑客切入的网络接口，数据库的安全仍会受到威胁。

（3）错误配置的数据库

很多数据库都是被陈旧未补的漏洞或默认账户配置参数出卖的。这可能是管理员太忙而无法及时顾及，或者因为业务系统无法承受停机检查数据库所带来的损失等原因导致的。

（4）SQL 注入攻击

SQL 注入是最常见的数据库漏洞之一，此外，它还是开放网页应用安全计划应用安全威胁列表上的头号威胁。将 SQL 注入到数据库后，应用程序将被注入恶意的字符串，以此欺骗服务器执行命令，如读取敏感数据、修改数据、执行管理操作等。

（5）权限配置不当

数据库面临的访问权限问题主要有：员工被赋予过多的、超出其工作所需的权限；反之，则是没有开启足够的权限。另外，权限还可能被恶意使用。

（6）存档数据不规范

员工可能通过盗取数据库获得大量的个人资料，这也极易造成数据的泄露。

4.网络服务漏洞

（1）内存操纵攻击

在进行内存操纵攻击时，经常要向目标网络服务器发送畸形数据，以此影响目标网络服务器的逻辑程序流。可远程渗透的内存操纵攻击主要有三个类别：缓冲区溢出（栈、堆及静态溢出）；整数溢出（技术上讲是一种溢出传输机制）；格式化字符串漏洞。

笔者将阐释这三组攻击模式，并分别描述每组攻击模式内的个别攻击模式。此外，也有少数比较奇特的漏洞类型（例如，索引数组操纵与静态溢出）超出了本书的讨论范围，这些知识在一些 niche 应用程序安全出版物和在线资源中可以找到。通过理解漏洞渗透原理，就可以调整网络上的关键系统，以便对未来可能出现的漏洞进行有效的防护。为了更好地理解这些网络安全威胁，先要理解运行时的内存组织和逻辑程序。

（2）运行时内存组织

内存操纵攻击涉及到对内存某单元内值（如指令指针）的重写，会改变逻辑程序流并执行任意代码。

（3）文本段

文本段包含程序所有编译后的可执行代码。文本段的重写权限是禁止的，这主要有如下两个原因：因为代码本身不包含任何类型的变量，所以代码没有理由对自身进行重写操作；只读的代码可以被程序中同时运行的不同副本共享在早期的计算中，代码经常会修改自身以提高自身的运行速度。现代的处理器已经对只读代码进行了优化，所以任何修改代码的操作都会降低处理器的速度。因此如果出现程序尝试修改自身代码的情况，可以认定这种行为是无意的。

（4）数据与 BSS 段

数据与由符号启始的区块段包含程序的全局所有变量。这些内存段的读权限和写权限都是激活的，同时在Intel体系结构下这些段内的数据可以被执行。

（5）栈段

栈段是一块用来动态存储和操纵大多数程序局部变量的内存区域。这些局部变量的大小通常是已知的，所以栈空间分配和数据操纵可以以相对简单的方式进行。默认情况下，在大多数环境中栈内的数据和变量都是可读出、可写入、可执行的。当程序流程进入某个函数时，就会向栈提供变量和数据，即创建了该函数的栈框架。每个函数的栈框架都会包含以下一些元素：函数的参数、栈变量（保留的指令指针和框架指针）、局部变量的操纵空间。在创建这些空间的时候，随着栈空间大小的调整，处理器栈指针会增量移动并指向新的栈尾，框架指针则指向当前函数栈框架的起点。此外，当前的栈框架内还有两个保留的指针：保留的指令指针和保留的框架指针。保留的指令指针在函数收尾的时候（函数退出并且栈空间已经释放）由处理器读取，该指针引导处理器指向并执行下一个函数。保留的框架指针也是在某函数执行结束的时候进行相应的处理，该指针定义了父函数栈框架的起点，这有助于逻辑程序流清晰地继续进行。

（6）堆

堆是一块动态性很强的内存区域，通常是程序分配的最大内存段。程序使用堆来存储那些在函数返回后仍然必须存在的数据（而函数的变量则在函数退出后从栈中清除）。在C语言中，这两个函数分别称为malloc与free。当数据存放在堆上的时候，调用malloc函数来分配大块内存，当这些大块内存不再使用的时候，就使用free函数进行释放。不同的操作系统管理堆内存的方式是不同的，通常会采用不同的算法。

（三）典型的安全漏洞

（1）没有进行充分的路由器访问控制，配置不当的路由器ACL会使ICMP、lP和NetBIOS中的信息泄露，从而导致非授权用户可对目标网点DMZ上服务器所提供的服务进行访问。

（2）未采取安全措施且无人监管的远程访问网点，容易成为攻击者进入网络的入口。

（3）操作系统和应用程序版本、用户或用户组、共享资源、DNS 信息及运行中的服务等信息不经意地被泄露给攻击者。

（4）运行非必要服务的主机为攻击者提供了进入内部网络的通道。

（5）客户机上级别低的、易于被猜中或重用的口令易使服务器被攻击者入侵。

（6）具有太多特权的用户账号或测试账号易被攻击者入侵。

（7）配置不当的互联网服务器，特别是 Web 服务器上 CGI 脚本和匿名 FTP 易被攻击者入侵。

（8）攻击者可从配置不当的防火墙或路由器直接入侵某个服务器并访问其内部系统。

（9）没有打过补丁的、过时的、脆弱的或遗留在默认配置状态的软件也易成为攻击者的入侵对象。

（10）由于过度的信任关系，给攻击者提供了未授权访问敏感信息的机会。

（11）网络用户没有采纳公认的安全策略、规程、指导和最低基线标准，给攻击者提供了入侵网络系统的机会。

二、网络安全的威胁因素

网络中存在的不安全因素会对网络安全造成威胁。网络不安全因素有两方面：一方面是网络本身的不可靠性和脆弱性；另一方面是人为破坏，这也是网络安全所面临的最大威胁。网络安全的威胁因素主要有以下几种：

（一）物理威胁

物理威胁在网络中是最难控制的，它可能来自外界有意或无意的破坏。物理威胁有时可以造成致命的系统破坏，因此，防范物理威胁是很重要的。在更换设备时，要注意销毁无用系统中的信息。如在更换磁盘时，必须对不用的磁盘进行格式化处理，因为不法分子利用反删除软件很容易获取从磁盘上删除的文件。

（二）操作系统缺陷

操作系统是用户在使用计算机前必须安装的系统软件。很多操作系统在安装时都存在端口开放、无认证服务和初始化配置等问题，如果这些操作系统有安全缺陷，那么整个网络系统就会处在不安全的环境中，这将极大影响网络系统的信息安全。

（三）网络协议缺陷

最初设计 TCP/IP 时并没有把安全作为设计重点，然而，由于所有的应用协议都是基于 TCP/IP 的，所以各种网络协议本身的缺陷严重影响了网络系统的安全。

（四）体系结构缺陷

在网络应用中，大多数体系结构的设计和应用都存在着一定的缺陷，即使是完美的安全体系结构，也有可能会因为一个小小的编程缺陷而被攻击。另外，安全结构中的各种构件如果缺乏密切的合作，也容易导致整个系统被不法分子攻击。

（五）黑客程序

黑客的原意是指具有高超编程技术的人，而现在是泛指那些强行入侵系统或以某种恶意的目的破坏系统的人。黑客程序是一类专门通过网络对远程计算机设备进行攻击，进而控制、窃取、破坏信息的软件程序。

（六）计算机病毒

计算机病毒是指在计算机程序中编制或插入的、能够破坏计算机功能或数据、影响计算机使用且能够自我复制的一组计算机指令或程序代码，它具有寄生性、潜伏性、传染性和破坏性的特征。随着网络技术的发展，计算机病毒的种类越来越多，如系统病毒、脚本病毒、宏病毒、后门病毒和捆绑机病毒等。

三、网络安全的风险评估

由于网络系统会受到多种形式的威胁，所以绝对安全与可靠的网络系统是不存在的，只能通过一定的措施把风险降到一个可以接受的程度。定期分析企业的网络安全工作是非常重要的，但评估网络安全的风险也同样重要。

（一）风险评估对企业的重要性

企业对信息系统的依赖性不断增强，从企业自身业务的需要和法律法规的要求角度考虑，企业更加需要对信息风险进行评估。风险评估是风险管理的基础，风险管理要依靠风险评估的结果来确定风险控制和审核批准活动，使得组织能够准确“定位”风险管理的策略、实践和工具，从而选择合理的、适用的安全对策。风险评估可以明确信息系统的现状，确定信息系统的主要安全风险，是信息系统安全技术体系与管理体系建设的基础。

（二）风险评估的步骤

步骤 1：描述系统特征。

步骤 2：识别威胁（威胁评估）。

步骤 3：识别脆弱性（脆弱性评估）。

步骤 4：分析安全控制。

步骤 5：确定可能性。

步骤 6：分析影响。

步骤 7：确定风险。

步骤 8：对安全控制提出建议。

步骤 9：记录评估结果。

（三）风险评估的作用

在日常生活和工作中，风险评估随处可见。为了分析、确定系统风险及风险的大小，进而决定采取什么样的措施去减少、避免风险，人们可以通过对网络系统进行全面、充分、有效的风险评估，快速检测出网络上存在的安全隐患、网络系统中存在的安全漏洞、网络系统的抗攻击能力等。根据对网络业务的安全需求、安全策略和安全目标的评估结果，可以提出合理的安全防护建议，制订合理的安全防护措施。

一般来说，一个有效的网络风险评估测试方法可以解决以下问题：

（1）防火墙配置不当的外部网络拓扑结构。

（2）路由器过滤规则和设置不当。

（3）弱认证机制。

（4）配置不当或易受攻击的电子邮件和 DNS 服务器。

（5）潜在的网络层 Web 服务器漏洞。

（6）配置不当的数据库服务器。

（7）易受攻击的 FTP 服务器。

（四）网络安全评估的项目和内容

网络安全评估主要有以下项目和内容：

（1）安全策略评估。

（2）网络物理安全评估。

（3）网络隔离的安全性评估。

（4）系统配置的安全性评估。

（5）网络防护能力评估。

（6）网络服务的安全性评估。

（7）网络应用系统的安全性评估。

（8）病毒防护系统的安全性评估。

（9）数据备份的安全性评估。

第二章　新时代网络安全基础设施体系建设

第一节　物理环境安全建设

造成物理环境安全风险的主要因素包括人为因素和自然因素，如机房基础设施老化导致的火灾、漏水，雷雨天气的雷击对设备电路的破坏，这些因素会影响网络、主机和业务的连续性，甚至导致业务数据丢失。

物理环境安全建设的目标是为机房选择一个合理的物理位置，最大程度上避开雷击多发区，爆炸、火灾、水灾隐患地点。在此基础上，为机房配置完善的基础设施，包括通过电子门禁控制人员的出入、配置自动报警和灭火的消防系统等。且机房要具备温湿度检测、漏水检测及报警功能，保证机房管理人员可以及时发现机房内产生的各种安全隐患。

一、物理和环境安全要求

（一）物理位置选择要求

（1）机房场地应选择在具有防震、防风和防雨等功能的建筑内。

（2）机房场地应避免设在建筑物的顶层或地下室。

（二）物理访问控制要求

机房出入口应配置电子门禁系统，以控制、鉴别和记录进入机房的人员。

（三）防盗窃和防破坏要求

（1）应对机房设备或主要部件进行固定，并设置明显的、不易除去的标志。

（2）应将通信线缆铺设在隐蔽处，如可铺设在地下或管道中。

（3）应设置机房防盗报警系统或设置有专人值守的视频监控系统。

（四）防雷击要求

（1）应将各类机柜、设施和设备等通过接地系统安全接地。

（2）应采取措施防止感应雷，如设置防雷保安器或过压保护装置等。

（五）防火要求

（1）根据机房的实际情况，健全各项防火安全制度、措施，并认真抓好落实。

（2）经常组织移动通信机房、账务中心、客服中心以及基站防火中心进行自查与整改。

（3）移动通信机房要建立义务消防队，即机房所有员工均要成为公司的义务消防队队员。

（4）认真做好防火宣传教育，提高全员防火意识，增强全员自防自救能力。

（5）机房必须安装火灾自动报警装置，重要机房、无人值守的机房要安装固定灭火装置。

（6）每月定期检查、维护、保养报警灭火设备，使报警灭火设备始终处于正常运转的状态。

（7）火灾自动报警设备和灭火设备必须设专人负责值守，保证设备的连续开机运行，若发现故障，应及时汇报。

（六）防水和防潮要求

（1）应采取措施防止雨水通过机房窗户、屋顶和墙壁渗透进机房。

（2）应采取措施防止机房内水蒸气的结露，防止地下积水的转移与渗透。

（3）应安装对水敏感的检测仪表或元件，对机房进行防水检测和报警。

（七）防静电要求

（1）应安装防静电地板并采用必要的接地防静电设备。

（2）应采取措施防止静电的产生，如采用静电消除器、佩戴防静电手环等。

（八）电力供应要求

（1）应在机房供电线路上配置稳压器和过电压保护设备。

（2）应提供短期的备用电力供应，至少保证设备在断电情况下能正常运行。

（3）应设置并行的电力电缆线路为计算机系统供电。

（九）电磁防护要求

（1）电源线和通信线缆应进行隔离铺设，避免互相干扰。

（2）应运用电磁屏蔽对关键设备进行保护。

（十）云计算的物理和环境安全要求

（1）确保云计算、承载云租户账户信息、鉴别信息、系统信息及运行关键业务和数据的物理设备均位于中国境内。

（2）IDC 应具有国家相关部门颁发的 IDC 运营资质。

（十一）移动互联的物理和环境安全要求

应为无线接入设备的安装选择合理的地理位置，避免过度覆盖。

二、物理和环境安全措施

（一）物理位置安全措施

存储在机房的重要设备应避免受到严重震动，因此，机房应该选择建设在具备防震、防风和防雨功能的建筑内，应避免将机房部署在建筑物的顶层或地下室，以防顶层漏水、地下室雨水倒灌或地下水渗透。如果不得不将机房部署在以上位置，应采取有效的防水、防潮措施：部署在建筑物顶层的机房应特别加强房顶的防水处理，部署在地下室的机房在采取有效防水措施的同时，应在机房出入口处设置 1～2 层防水挡板并常备应急防水沙袋。

（二）物理访问控制安全措施

机房出入口应配置电子门禁系统，控制、鉴别和记录进入机房的人员。电子门禁系统另一个重要的用途是记录进入机房的人员，一旦发生网络安全事件，可以追溯事件，其记录文件应保存 6 个月以上。

（三）防盗和防破坏安全措施

机房的设备或主要部件应当固定在机架上，并且应在显著位置张贴不易除去的资产标志或标签，防止外来人员将机房内的设备带出机房。通信线缆应铺设在隐僻处或难以触及的位置，如可铺设在地下或管道中。应设置机房防盗报警系统或设置有专人值守的视频监控系统，并在非工作时段启用自动报警系统，实时展示报警区域的视频监控图像。视频监控文件应保存 6 个月以上。

（四）防雷击安全措施

应当在机房内设置接地系统，并将各类机柜、设施和设备等通过接地系统安全接地。由于高强度的雷击会使放电范围内 1 千米的闭环电路产生感应雷，因此应在电路中部署防止感应雷电破坏信息系统的安保装置，用来防止感应雷破坏设备。

（五）防火安全措施

机房内应设置火灾自动消防系统，通过烟感或红外检测自动发现火情，自动报警并启动灭火程序。建造机房及相关的工作房间时应选用防火地板、防火天花板、防火墙板和防火涂层等防火的建筑材料，避免选用木质结构等易燃易爆的建筑材料。

（六）防水和防潮安全措施

机房应当做好防水、防潮安全措施，防止雨水通过窗户、屋顶和墙壁渗透进机房。应通过温、湿度控制设备和设计冷热风道等防止机房内水蒸气结露，并合理处理地下积水；应安装对水敏感的检测仪表或元件，对机房进行防水检测和报警。

（七）防静电安全措施

机房应铺设防静电地板，将机柜和重要设备连接至接地系统。另外，还应采用相关措施防止静电的产生，可通过使用静电消除器或佩戴防静电手环来消除静电。

（八）温、湿度控制安全措施

机房应使用温、湿度自动调节设施，使机房温、湿度在设备运行所允许的范围之内变化。

（九）电力供应安全措施

通常，设备开关机、线路短路、电源切换等情况下可能会引起浪涌，因此需要在供电线路上配置稳压器和过电防压保护设备，一般机房 PDU 电源都具备防浪涌的功能。应设置至少两路电力电缆线路供应电力，并根据机房设备的功率和实际情况配置 UPS 或柴油发电机等短期的备用电力供应设施，以保证设备在断电情况下能够正常运行。

（十）电磁防护安全措施

机房内的电源线和通信线缆应进行隔离铺设，避免互相干扰，比如，电源线可铺设在防静电地板下的线槽内，通信线缆可铺设在上桥架内。应运用电磁屏蔽对关键设备进行保护。

此外，由于计算机、通信机等电子设备在正常工作时会产生一定强度的电磁波，该电磁波可能会被专用设备接收，有些不法分子便以此窃取电子设备中的内容，因此，关键的电子设备需要使用专门的电磁屏蔽机柜和屏蔽网线进行电磁屏蔽。

（十一）云计算的物理和环境安全

云计算平台是以数据处理为主的计算型云平台及计算和数据存储处理兼顾的综合云计算平台。一般来说，基础设施及服务、平台及服务和软件及服务是三种基本的云计算平台服务模式。

在基础设施及服务模式下，云计算平台包括设施、硬件、资源抽象控制层；在平台及服务模式下，云计算平台包括设施、硬件、资源抽象控制层、虚拟化计算资源、软件平台；在软件及服务模式下，云计算平台包括设施、硬件、资源抽象控制层、虚拟化计算资源、软件平台、应用软件。

这三种基本的云计算平台服务模式都有共同的三个组件：设施、硬件和资源抽象控制层。三种不同的云计算平台服务模式对物理和环境安全的要求是一致的，因而云计算平台的物理和环境安全也是设施和硬件的安全，云计算平台的物理和环境安全就是要确保云计算基础设施和硬件位于中国境内。

（十二）移动互联的物理和环境安全措施

采用移动互联技术的等级保护对象由移动端、移动应用和无线网络三部分组成。移动端通过无线信道连接无线接入设备并访问服务器，并通过移动终端管理系统的服务端软件向客户端软件发送移动设备管理、移动应用管理和移动内容管理，以此对移动端进行安全管理。移动互联的物理和环境安全就是要确保无线接入设备安装在合理位置上，避免过度覆盖和电磁干扰。

第二节　计算机硬件设施安全体系建设

一、计算机硬件安全

从系统安全的角度看，计算机的硬件设备会对网络系统的安全构成威胁。比如CPU，据有关资料透露，国外不法分子可以利用无线代码激活CPU内部指令，以此造成计算机内部信息外泄、计算机系统灾难性崩溃的后果。若此事为真，则我们的计算机系统在战争时期也可能会被全面攻击。硬件泄密也涉及了电源泄密，电源泄密的原理是通过电源线，把电脑产生的电磁信号沿电源线传出去，利用特殊设备便可以在电源线上把信号截取下来并还原。因此，我们在使用计算机时一定要注意做好电脑硬件的安全防护，防止我们的信息被窃取。

（一）计算机硬件对网络安全的影响

计算机硬件设备主要包括内存、加密硬盘、处理器及路由器。在当前的网络环境下，要想保障计算机硬件设备的安全运行，必须要保证计算机的使用环境适宜，只有适宜的使用环境才能使计算机硬件设备得以安全、稳定地运行。同时，计算机使用环境里的空气湿度、静电、电磁波及磁场等诸多因素都会影响计算机硬件设备的正常运行。一旦计算机所处环境的温度偏高，会造成计算机硬件设备相关参数发生误差，严重的会烧毁计算机的元器件；而环境温度过低，则会导致计算机的内部电线及电路板与空气接触产生凝聚性水分子，时间一长就会发生电线腐蚀及金属生锈的情况，对计算机硬件设备的正常工作造成较大影响。空气中的尘埃颗粒过多，同样会对电路板的电阻值造成影响，导致计算机运行系统瘫痪。

（二）计算机硬件故障分析

计算机的硬件部分出现的故障非常多，也非常复杂，例如，我们使用计算机时见到的黑屏现象、开机无显示现象、频繁死机现象、显示颜色不正常现象、显示器花屏现象、硬盘无法读写现象、系统无法启动现象、硬盘出现坏道现象……产生这些现象的原因其实都是因为计算机硬件出现了故障。

下面就说一下计算机硬件出现故障时我们需要遵循的方法：首先，要先检查计算机的外部设备、后检查主机，这是由于外部设备上的故障比较容易被发现和被排除。我们先根据系统上的报错信息检查鼠标、键盘、显示器等外部设备的工作情况，排除外部设备的故障后再考虑复杂的主机部分；其次，要先检查电源、后检查部件，电源很容易被用户所忽视，一般电源功率不足、输出电流不正常都很容易导致一些故障的产生，很多时候用户把主板、显卡、硬盘都检查遍了都还找不到故障原因，殊不知这是电源在作怪；最后，要先检查简单的因素、后检查复杂的因素，电脑发生故障时，要从最简单的因素开始查起，很多时候故障就是因为数据线松动、灰尘过多、插卡接触不良引起的，用简单的方法测试完后，再考虑是不是硬件损坏的问题。

在排除故障时，可用以下方法：第一，插拔替换法。插拔替换法是最古老、最原始的方法，也是最有效的方法，很多硬件工程师目前还是运用此方法来排除电脑的大小故障。拔插检测法的步骤是，先关掉计算机，再打开机箱，将怀疑出现故障的板卡拔出后，重新引导机器，如果故障依旧，关机后再拔其他板卡试一试，一旦拔出某块板卡后机器能正常运转了，就说明故障出在刚拔出的板卡上。第二，直接观察法。根据 BIOS 的报警声、开机自检信息上的说明来判断硬件上的故障，依据各种声音和说明信息来排查故障，例如，自检时显示硬盘存在问题，可以检查一下硬盘上的数据线和电源线有无松动，若无问题则可检查显示器和显卡及 VGA 接口，擦除上面的灰尘，看看接口有无断针现象。

第三，系统最小化检查的方法。系统最小化检查的方法原理跟插拔替换法非常相似，就是采用最小的系统来逐一诊断，例如，只安装 CPU、内存、显卡、主板，如果开机后不能正常工作，则将该四个部件用插拔替换法来排查，如果能正常工作，再接硬盘、显示器，以此类推，直到找出故障为止。第四，轻击振动法。关机后，用手掌轻轻拍击机箱外壳或者显示器外壳，再开机若故障消除了，就说明故障是因为接触不良、虚焊或金属氧化成孔造成的，然后再进一步检查，找出故障点的位置将其排除。但如果显示器或主机电源内部出现故障，一般电脑维护人员不应将其拆开修理，这些部件内部有高压电，很容易造成人身伤害，其故障应由专业人员来排除。另外，电脑开机后通常不应敲打设备，尤其是主机箱，否则可能把硬盘震坏。

二、计算机硬件安全保障维护

（一）对计算机主板的维护

计算机主板就是硬件系统的基础识别，它在多设备组件的连接中起到了关键的作用。因此在对计算机安全造成较大影响的诸多因素中，主板占据了主体地位，而对主板造成最大影响的就是静电及形变，为了尽可能地避免这两种情况的出现，可以在安装主板及其他元部件的时候，尽可能地让具备一定经验的操作人员控制好安装力度，从而保证主板设备能够更加平稳地固定在计算机的主机箱上。

（二）对计算机处理器的维护

在计算机硬件设备的应用过程中，处理器起到了关键的作用，处理器的运行性能及稳定性直接影响到了计算机设备的系统运行。由于计算机处理器在相应的运行过程中，能够对所有的系统操作指令实现大量的解密及加密操作，因此需要保证处理器的安全，从而更好地提升计算机系统运行的性能。由于处理器在运行中对温度有着较高要求，温度的变化会影响处理器的运行稳定性，因此应当重视对处理器的维护及检查，并且要在计算机运行过程中控制室内温度，将室内温度控制在比较合理的范围内。此外还应当配备专用的 UPS 设备对计算机的工作电压加以稳定。

（三）对计算机内存的维护

在计算机硬件设备系统中，内存是沟通硬件设备与 CPU 的主要桥梁。最为常见的导致计算机内存损坏的原因，有电源损坏、物理性损坏、人为破坏及温度变化等。计算机内存的物理性损坏，通常是计算机在外力作用下，使内存受到弯折、挤压，从而造成的。而温度所引发的内存损坏情况，则主要是由计算机的散热效果不佳引发的。人为因素则可能是在对内存条进行插拔的过程中因为操作不当所以造成了内存条的损坏。因此应当重视对内存条的保护，内存条一旦出现损坏就需要及时更换，在更换内存条时要避免损伤到内存条。在检查内存条的同时，还需要对电脑的散热系统及电源进行检查，一旦发现问题则应及时解决。

（四）对计算机硬盘的维护

硬盘是计算机数据信息的重要存储组件。现阶段绝大多数的计算机硬盘都是 HDD 硬盘，此种硬盘具备了较强的敏感度，容易产生磁头碰撞盘片的情况，从而损坏磁盘表面，导致存储数据丢失的情况出现。硬盘通常是由芯片、内存颗粒等所组成，同时也对计算机的工作环境要求相对较高，尤其是对静电比较敏感。由此，在使用计算机的过程中，需要尽可能避免计算机发生碰撞，从而保护硬盘。

三、计算机硬件设计安全

（一）加强硬件内置安全

加强内置安全是提升计算机整体安全性的重要措施之一，具体步骤如下：

首先，在制造芯片的过程中，有效结合 PUE 和 EPIC 两种技术；其次，充分利用 PUE 技术，可制造出由传统芯片变异而来的 PUFIC。在制作并测试芯片的过程中，需要在 EPIC 技术的基础上，进行有效的密钥设置，并激活电路，将“加锁/解锁”应用于总线中，以上手段的实施能够充分保护 IP 这一硬件。最后，在 EPIC 技术的有效应用过程中，还可以将其同 PUF 技术紧密结合，从而构建内置安全确认措施。

（二）加强检验硬件外置的辅助安全测验

在测验外置辅助安全性的过程中，RAS 技术是关键。在应用 RAS 技术的过程中，需要在密钥管理中心精心生成一对可信度较高的密钥，分为私钥和公钥，外置辅助安全验证设备的构建需要将安全芯片验证同密钥储存器进行充分地结合，并使用 ASIC 和 FPGA 为密钥进行加密，再将芯片标签电力用于集成储存信息。

（三）将安全设计融入到硬件研发过程当中

技术是加强计算机安全的基础，针对计算机硬件设施而言，应当从内置和外置两方面入手。然而值得注意的是，在加强计算机硬件安全性的过程中，单纯依靠技术是远远不够的，在进行硬件设计的过程中就应当积极融入安全理念，这就要求设计人员能够始终保持清醒的头脑，对传统计算机硬件中的安全漏洞及时进行分析和研究。首先，增强设计人员安全意识。现阶段设计人员在设计计算机硬件的过程中，都将重点放在了硬件性能及质量方面，安全意识相对较弱。产生这种现象的主要原因与计算机使用者忽视计算机硬件设施的安全性有很大关联。新时期，计算机使用者应当增强安全建设硬件设施意识，监督并促使设计人员在设计过程中融入安全理念，提升硬件设置质量及安全性。其次，在设计计算机硬件的过程中应重视计算机硬件的安全性。研发计算机硬件时，单纯的以提升其质量及性能为目的是远远不够的，应当在提高计算机质量和性能的基础上提高计算机硬件的安全性。设计计算机硬件的过程中，设计人员应当内外兼顾，提高每一个可能产生安全威胁的部件的安全性。最后，要增加计算机硬件安全性能的评估次数。在设计计算机硬件设备的过程中，单纯的提升计算机硬件的使用性是远远不够的，要以提升计算机硬件安全性为目标，还要对其安全性做好评估，积极主动地挖掘威胁计算机硬件安全的因素，并寻找有效措施对其进行弥补。

（四）硬件安全设计技术的创新

近年来，计算机硬件安全问题出现得越来越频繁，主要原因不仅包括相关设计人员对其安全问题的忽视，还包括安全性技术发展过于缓慢等原因。在这种情况下，相关设计人员应当在树立安全意识的基础上，积极创新和研发技术。首先，对现有技术进行完善。在完善现有技术的过程中，应对现阶段产生的计算机硬件漏洞进行充分的研究，并对漏洞进行改进，提升硬件设施的安全性。其次，完善计算机硬件安全技术体系。由以上分析可知，计算机的硬件设施种类较多，在提升计算机硬件安全性的过程中，应全面分析不同硬件设施的功能、特点及产生漏洞的原因，并在此基础上联系各个部件，从而形成完善的计算机硬件安全技术体系。

四、计算机硬件管理体系

（一）计算机硬件维护与管理的基本原则

1.了解计算机硬件维护的常识

要维护计算机硬件，就要了解维护计算机硬件的基本常识，掌握计算机的使用方法，对日常出现的硬件问题能做出基本的判断，并能分析产生问题的原因。另外要增强安全意识，比如：雷雨天尽量不使用计算机，并将其电源拔掉，防止雷击烧坏主板；计算机要存放在安全、通风的地方，利于其散热，周围环境的温度不能太高或太低，同时还要避免潮湿；在使用计算机时，要注意计算机的散热，以免计算机温度过高烧坏内部的电子器件；使用计算机一段时间后，要定期清洁计算机内部的灰尘，积累太多灰尘一方面会产生噪声，另一方面也会降低计算机的运行速度，影响计算机的正常工作。

2.养成良好的使用习惯

计算机已成为我们生活和工作都离不开的重要设备，要养成使用计算机的良好习惯，才能延长计算机的寿命。首先，在开机时，要在接通电源一段时间后再启动计算机系统，避免电压突然增大，刺激计算机电路；其次，在关机时，要遵循系统程序关机，先关闭所有启动的程序，再关闭系统，坚决避免直接拔掉电源线的行为；最后，在使用时，接入电源后要将电池取下，以此延长计算机电池的使用寿命。

3.创造适宜的使用环境

计算机属于精密仪器，其内部构造细小而精密，只有在稳定、适宜的环境中工作，其使用价值才能得到最大限度的发挥。具体来说，首先，计算机使用环境的温度应保持在 20～30 度，避免温度过低或过高，同时避免阳光直射，否则会加快计算机硬件的老化速度；其次，计算机使用环境的湿度应保持在40%～80%之间，过于干燥的环境会使计算机产生静电，而过于潮湿的环境则会导致计算机震动和生锈。所以，在计算机的使用过程中，要注意周围环境的情况，为计算机的使用创造一个适宜的环境。

（二）计算机硬件维护与管理的策略

1.重视对计算机网络硬件的维护与管理

计算机主要由软件和硬件两大部分组成。目前，虽然计算机软件的开发、更新技术迅速发展，先进的网络防御系统保障了计算机数据的安全。但是对发展计算机硬件的投入仍有待提高，要为计算机硬件采购和添置相关设备，使计算机的硬件设备能与软件设备协同发展，提高计算机硬件整体的防御性。

2.加强对计算机硬件设备的维护与管理

计算机的硬件设备主要包括：显示器、鼠标和键盘。维护与管理计算机的硬件设备，先要从这几个硬件入手，进行分别维护和整体管理。针对显示器，使用时应确保显示器干燥，不可反复开关显示器，对其内部使用专业清洁剂和毛刷定期除尘。鼠标是极易出现问题的输入设备，使用时要特别注意，点击时不能用力过猛，以免破坏按键。键盘要防止短路和腐蚀，尤其是要注意避免将液体洒入键盘，打字时敲击键盘的力度不要太大，也不要长期按住个别按键，以免损坏。

3.重视对计算机硬件中内部元器件的维护与管理

计算机内部元器件主要包括主板、硬盘和光驱，对这些元器件做好日常的维护工作，有利于延长计算机的寿命，使计算机发挥最大的使用价值。主板是计算机的重要组成部分之一，其损坏会造成计算机系统的整体瘫痪，因此，不能随便插入或拔出主板，清洗主板后应选择阴干防止腐蚀，也要避免暴晒。硬盘是计算机内的数据存储设备，对用户来说极为重要，硬盘极为脆弱，所以要避免硬盘损坏，应注意使用计算机时降低硬盘的使用负荷，避免同时开启多个下载任务的情况发生。光驱容易出现的问题是无法读取或读取较慢，此问题出现的原因可能是积灰太多，也可能是激光头老化，要及时排查问题、解决问题，以免影响计算机的工作。

4.打造整洁的计算机工作环境

计算机硬件是计算机的重要设备，外部环境会对计算机硬件的使用产生很大影响，因此在使用计算机时，一定要重视计算机的外部环境：首先，做好防潮工作，定期检查计算机的插头、插座和引脚处是否有潮湿或变色的现象，一旦有潮湿或变色的现象，要立即更换计算机的使用环境，否则会造成计算机接触不良，从而影响计算机的正常工作；其次，做好除尘工作，要尽量为计算机创造一个干净、整洁的环境，防止大量灰尘进入计算机内部，同时也要定期清洁，避免灰尘过多影响计算机的运行速度。

第三节　软件安全设施体系建设

一、软件系统安全保障体系规划

（一）信息化系统安全需求设计原则

设计信息化系统安全保障体系时应遵循如下的原则：

（1）需求、风险、代价平衡原则。任何信息系统都不可能达到绝对的安全。设计信息化安全需求保障体系时要正确处理需求、风险与代价的关系，做到安全性与可用性相容，做到技术上可实现、组织上可执行。

（2）分级保护原则。系统中有多种信息和资源，每类信息对保密性、可靠性的要求不同。应以应用为主导，科学、合理划分信息安全防护等级，并依据信息安全防护等级确定安全防护措施。

（3）多重保护原则。任何安全措施都不是绝对安全的，都可能被攻破。应建立多重保护系统，提高系统安全性。

（4）整体性和与统一性原则。信息化系统安全涉及各个环节，包括设备、软件、数据、人员等。只有从整体的角度去统一看待、分析，才可能实现有效、可行的安全保护。

（5）技术与管理相结合原则。信息化系统安全是一个复杂的系统工程，涉及人、技术、操作等要素，单靠技术或单靠管理都不可能实现。在设计信息化系统安全保障体系时，必须将各种安全技术与运行管理机制、人员思想教育与技术培训、安全规章制度建设相结合。

（6）统筹规划与分步实施原则。在一个比较全面的安全体系下，可以根据系统的实际需要，先建立基本的安全保障体系，保证基本的、必须的安全性。根据今后系统应用和复杂程度的变化，调整或增强安全防护力度，保证整个系统最根本的安全需求。

（7）动态发展原则。要根据系统安全的变化情况不断调整安全措施，适应新的系统环境，满足新的系统安全需求。

（二）系统安全需求框架

信息化系统安全需求框架可以概括为下图 2-1 所示的结构。

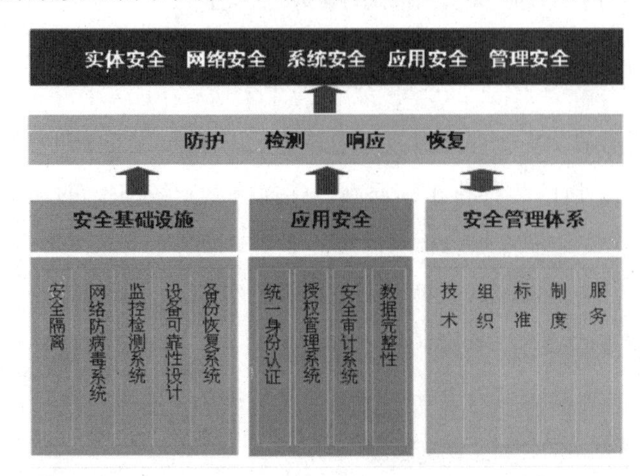

图 2-1　信息化系统安全需求框架结构图

信息化系统安全需求主要包括安全基础设施、应用安全和安全管理体系。

信息化系统安全需求涉及三大要素，分别是人、技术和操作。

人是信息化系统安全的主体，也是信息化系统安全的拥有者、管理者和使用者，是信息化系统安全保障的核心，也是信息化系统安全保障的第一要素。

技术是实现信息化系统安全保障的重要手段，信息化系统安全保障体系所需要的各项安全服务就是通过技术来实现的。

操作也称为运行，是信息化系统安全的主动防御体系。和技术手段的被动防御不同，操作将各方面技术紧密结合在一起，包括风险评估、安全监控、安全审计、跟踪报告、入侵检测、响应恢复等。

（三）系统应用安全

系统应用的安全归结起来就是要解决用户、权限、数据完整性这三类问题，在这三类问题中，用户是安全的主体，系统应用的安全也是围绕用户展开的。

因此验证用户身份便成了系统应用安全必须解决的第一个问题；解决用户问题后，第二个要解决的问题便是权限，就是确保每个用户都能被授予合适的权限；第三个要解决的问题就是数据完整性的问题；这些构成了应用系统安全的主体。

1.身份认证系统

信息化系统用户采用实名制，建立统一的用户信息库，提供身份认证服务，只有合法用户才能访问信息化系统。基于分级保护策略，身份认证系统支持用户名/口令认证方式，并支持 CA 数字证书认证方式。身份认证系统应实现以下具体功能：

（1）提供分级用户管理模式，可根据需要由系统管理者授权给二级管理员，再由管理员分别管理、维护所辖区域的用户，以此解决大量用户管理维护的问题。

（2）统一认证支持多种身份认证方式，支持用户名/口令与 CA 数字证书认证方式，在保证信息安全的前提下，满足不同用户对系统不同内容的访问需求。

（3）统一认证应能对用户信息、用户访问信息、业务安全保护等级等内容进行有效的管理与维护。

（4）统一认证应能防止系统崩溃，应具有良好的响应性能，保证认证服务功能的可用性、可靠性。

2.用户权限管理

可以为用户设置不同的访问权限，允许用户在权限范围内访问系统不同的功能模块。支持匿名访问。信息化系统的授权管理采用集中授权、分级管理的工作模式，即通过系统管理员授权二级系统管理员管理本机构用户权限的方式，实现分级授权管理，第二层的系统管理员在这个组织中负责资源管理的定义、角色的定义、权限的分配、权限的验证等工作。在权限管理中，管理员负责资源的分类配置、用户角色的定义授权等方面。在对角色进行界定时，可以采用职称、职务和部门等多种方式，以便更好地体现不同商业模型对管理的要求。权限认证主要是根据用户的身份判断其权限，以此决定该用户是否具有访问相应资源的权限。授权管理系统与统一认证相结合，为信息化系统提供方便、简单、可靠的授权服务，以此对用户进行整体、有效的访问控制，保护系统资源不被非法或越权访问，防止信息泄露。

建立信息访问控制机制，对系统功能和数据进行分级管理，不仅能够为合法用户分配不同级别的访问权限，还能够为每一条信息设置不同的访问权限，从而使用户登录后只能访问已授权的系统信息。一般来说，信息系统的资源分为系统资源和业务资源两类，系统资源指系统菜单、功能模块、用户、角色等；业务资源指相关的业务数据，如数据、文档等。通过与授权功能的结合，解决资源的访问控制问题。严格地讲，信息访问控制是授权管理中的一部分。

3.数据完整性

数据完整性指对信息化系统中存储、传输的数据进行数据完整性保护的特性。想要在系统设计与开发过程中要解决数据存储的问题，就要在长距离数据传输中充分考虑网络传输质量对数据完整性的影响，并采取必要的数据传输技术手段，确保数据的完整性。

（四）安全管理体系

（1）安全管理组织。形成一个统一领导、分工负责，能够有效管理整个系统安全工作的组织体系。

（2）安全标准规范体系。能够有效规范、指导信息化系统建设和运行的安全标准规范体系。

（3）安全管理制度。包括实体管理、网络安全管理、系统管理、信息管理、人员管理、密码管理、系统维修管理及奖惩等制度。

（4）安全服务体系。系统运行后的安全培训、安全咨询、安全评估、安全加固、紧急响应等安全服务。

（5）安全管理手段。利用先进、成熟的安全管理技术，逐步建立系统的安全管理系统。信息化系统依托企业内网安全保障系统，以身份认证为基础，重点加强用户的权限管理、信息访问控制、设备可靠性及备份恢复建设，形成有效的、全方位的安全保障体系。

二、软件平台安全体系建设

（一）安全设计

安全设计主要包含七个方面的内容：物理与环境安全、主机与存储安全、网络安全、虚拟化安全、数据采集安全、数据存储安全、数据备份安全，具体说明如下。

1.物理与环境安全

物理与环境安全，指保护软件平台免遭地震、水灾、火灾等事故及人为行为导致的破坏。主要措施包括物理位置的正确选择、物理访问控制、防盗窃和防破坏、防雷、防火、防静电、防尘、防电磁干扰等。软件平台机房、监控等场地设施，应严格按照国家的相关标准建设。

2.主机与存储安全

软件平台的主机包括物理服务器、虚拟机，以及安全设备在内的所有计算机设备。主机与存储安全主要指计算机设备在操作系统和数据库系统层面的安全。主机安全问题主要包括操作系统本身缺陷所带来的不安全因素，包括身份认证、访问控制、系统漏洞等。为保障主机与存储安全，主要采取的措施和技术手段包括身份认证、主机安全审计、主机入侵防御、主机防病毒系统等。

3.网络安全

在网络安全方面，应做到以下几个方面的安全防护：网络架构安全防护、网络访问控制防护、网络安全审计防护、边界完整性检查防护、网络入侵防御防护、网络设备防护。可采取的主要安全措施和技术包括防火墙、网络安全审计系统、防病毒系统、强身份认证等。

4.虚拟化安全

虚拟化技术指在物理硬件与运行 IT 服务的虚拟系统之间插入了一个抽象

层。然而，对于所运行的虚拟服务而言，其引入的虚拟化层却是一个潜在的入侵通道。由于一个主机系统能够容纳多个虚拟化层，因此，主机的安全性就变得尤为重要。

5.数据采集安全

由于通过 Web 客户端采集的数据，会通过互联网等公共网络与政府专网连接，因此会带来一系列数据采集的安全与隐私问题。这些问题包括：

（1）数据采集的完整性问题。在客户端采集数据，一般是先在本地缓存，然后再整体压缩、打包并一起通过公网进行传输。由于传输过程中的缓存限额和公网传输的网络问题，一般都会丢失 3%～7%的数据。

（2）数据采集的隐私性问题。第三方可能会在传输过程中截获传输的数据，从而拿到传输这些数据的用户数据。这些用户数据都体现了用户在客户端的一些具体用户行为，蕴含着用户的隐私。

（3）数据采集的准确性问题。第三方可能会在传输过程中使用不同的方式伪造数据，从而导致传输到服务端的数据不准确。

针对以上问题，采集数据时应确保：

①采集数据时应具有辨别伪造数据的能力；

②采用统一的数据采集通道，确保能安全采集数据；

③指定不同的采集手段，分类采集不同级别的信息。

6.数据存储安全

数据存储安全是数据中心安全和组织安全的一部分。如果只小心翼翼地保护数据存储安全而将整个系统向互联网开放，那这样的数据存储安全是没有意义的。很多案例都表明，只保护数据存储设备所在系统的安全已不能满足现实需求。数据存储设备可被连接到不同系统中，因此，必须保护各个系统中的数据，防止其他未经授权的系统访问数据，或破坏数据。相应的，数据存储设备必须要防止被未被授权的用户设置、改动，对所有的改动都要做相应的跟踪。在实践中，需要掌握数据存储安全专业知识，留意细节、不断检查，确保数据存储的安全。

7.数据备份安全

数据备份安全能够对重要信息进行备份和恢复，并提供关键网络设备、通信线路和数据处理系统的硬件冗余，保证系统的可用性。提供异地数据备份功能时，应利用通信网络将关键数据定时、批量传送至备用场地，采用冗余技术设计网络拓扑结构，避免关键节点存在单点故障。

（二）数据隐私保护

在数据发布的过程中对敏感数据进行隐私保护，避免不必要的泄密带来的各种损失。例如，卫生领域中公民个人的病例信息、公安领域中公民的各种隐私信息等。要保护隐私数据，就要制订一套保护隐私数据的安全策略。数据隐私保护功能主要包括：提供隐私安全策略的配置功能，来保证隐私数据的安全存储；提供对隐私信息的加密混淆功能，依据需要可以设置对称、非对称多种加密方式；提供隐私策略的版本管理功能；提供设置数据导出时隐私信息的屏蔽功能。

（三）数据安全分析

从数据变更、数据使用、隐私保护、角色及权限等层面全面分析数据安全性，保证数据安全。

（1）数据变更查询。提供对数据变更历史的查询功能。

（2）数据使用查询。提供对数据使用历史的查询功能。

（3）隐私保护分析。提供对隐私保护的策略实施情况分析功能。

（4）角色及权限分析。提供用户及权限对数据访问情况的分析功能。

（四）数据访问控制

数据访问控制决定了“谁在什么时候、什么地方能得到哪些信息”，并对策略实施和数据使用情况进行审计、评估。

（1）权限管理。设置数据访问的安全规则和访问策略。

（2）身份验证管理。基于 SOA 访问模式，提供集中、统一的身份验证管理。

（3）审计管理。为数据访问、变更情况提供审计功能。

（4）风险控制管理。为数据使用者提供风险预警和控制。

（五）数据安全统一视图

数据安全统一视图提供数据隐私防护、访问控制、存储保护、安全分析功能，为不同的使用者提供不同的功能、信息界面，包括安全管理员视图、审计人员视图、系统管理员视图等。

（六）信息系统建设管理

应明确信息系统的边界和安全保护等级；应以书面的形式说明确定信息系统为某个安全保护等级的理由；应组织相关部门和有关安全技术专家论证和审定信息系统定级结果的合理性和正确性；应确保信息系统的定级结果经过了相关部门的批准；应根据信息系统的安全保护等级选择安全措施，并依据风险分析的结果补充和调整相关安全措施；应指定和授权专门的部门规划信息系统的安全建设，制订近期和远期的安全建设工作计划；应根据信息系统的等级划分情况，统一制定安全保障体系的总体安全策略、安全技术框架、安全管理策略、总体建设规划和详细设计方案，并制定相关配套文件；应组织相关部门、有关安全技术专家论证和审定总体安全策略、安全技术框架、安全管理策略、总体建设规划、详细设计方案等相关配套文件的合理性和正确性，并且经过相关部门批准后，才能正式实施；应根据等级测评、安全评估的结果定期调整和修订总体安全策略、安全技术框架、安全管理策略、总体建设规划、详细设计方案等相关配套文件。

实现内容安全系统建设可以分解为四个主要阶段（如图 2-2 所示）：制定信息系统安全策略、制定信息系统安全计划、安全控制措施和安全控制审批。

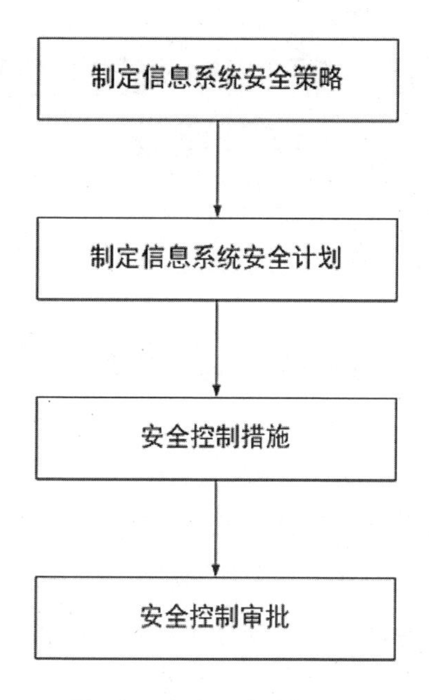

图 2-2　安全系统建设阶段

先根据风险评估确定的信息安全需求制定信息系统安全策略及信息系统安全计划。信息系统安全策略确定了信息系统应该达到的安全水平，是该信息系统在安全方面的指导性策略，必须得到管理层的批准，以确保其权威性。信息系统安全计划是实现信息系统安全政策中描述的安全水平的行动计划，然后根据信息系统安全计划的要求，采取合适的方法部署相应的安全控制措施，并在经过测试和审批后，将安全控制措施正式投入运行。

第三章　新时代网络安全防御体系建设

第一节　边界安全

人们为了实现资源共享的目标而建立了网络，然而在全世界计算机连成网络的同时，也出现了大量的网络安全问题。因为在网络上，大多数人都不清楚泄密、攻击、病毒的来源，越来越多的不安全因素让网络管理者难以安宁，所以把暂时安全的网络与不安全的网络分开是无奈之举。然而因噎废食不是个办法，没有网络的连接，很多业务无法互通，并且随着信息化的深入，各种网络上的信息共享需求日益强烈，比如：政府的内网与外网需要面对公众服务；银行的数据网与互联网需要支持网上交易；民航、铁路与交通运输部的信息网与互联网中网上预订与实时信息查询是便利出行的必然选择。

一、网络边界

把不同安全级别的网络相连接，就产生了网络边界。想防止来自网络外界的入侵，就要在网络边界上建立可靠的安全防御措施，一般来说网络边界上的安全问题主要有下面几个方面：

（一）信息泄密

网络上的资源是可以共享的，但没有授权的人得到了他不该得到的资源，信息就泄露了。一般信息泄密有两种方式：攻击者（非授权人员）进入了网络，获取了信息，这是网络内部的泄密；合法使用者在进行正常业务往来时，信息被外人获得，这是网络外部的泄密。

（二）入侵者的攻击

互联网是世界级的大众网络，网络上有各种势力与团体。入侵就是有人通过互联网进入他人的网络（或其他渠道），篡改数据，或实施破坏，造成他人网络业务瘫痪的行为，这种入侵行为是主动的、有目标的、有组织的。

（三）网络病毒

与非安全网络的业务互联过程中，难免会带来病毒，一旦病毒在网络中发作，正常的业务将受到巨大冲击。病毒的传播与发作一般有随机性。

（四）木马入侵

木马是一种新型的攻击系统，它在传播时会像病毒一样自由扩散。在侵入网络系统后，木马便主动控制网络系统，既可以盗用他人的网络信息，也可以利用他人的系统资源为木马操控者工作，比较典型的就是“僵尸网络”。

为了防止网络系统被入侵者攻击，可以通过认证、授权、审计的方式追踪用户的行为轨迹，也就是我们说的行为审计与合规性审计。

二、边界防护的安全理念

我们可以把网络看作是一个独立的对象，网络的安全威胁来自内部与边界两个方面：内部是指网络的合法用户在使用网络资源的时候，进行不合规的、操作失误的、恶意破坏的行为，也包括网络系统自身的健康，如软、硬件的稳定性带来的系统中断；边界是指网络与外界互通时产生的安全问题，可分为入侵、病毒与攻击。如何防护边界呢？对于公开的攻击，只有防护一条路，但对于入侵行为，其关键是对入侵行为的识别。

但怎样区分正常的业务申请与入侵行为呢？我们把网络与社会的安全管理做一个对比，要守住一座城，先要建立城墙，把城内与外界分割开来，阻断城内与外界的所有联系，然后再修建几座城门，对所有进出城的人员及车辆进行关卡检查。为了防止入侵者的偷袭，再在外部挖一条护城河，让敌人的行动暴露在宽阔的、可看见的空间里，为了通行，在河上架起吊桥，把路的使用权掌握在自己的手中。为了对付已经悄悄混进城的“危险分子”，要在城内建立有效的安全监控体系，只要入侵者稍有异样行为，就会被立即揪住。作为网络边界的安全建设，也应采用同样的思路：控制入侵者的必经通道，设置不同层面的安全关卡；建立容易控制的“入侵”缓冲区，在缓冲区内架设安全监控体系；对于进入网络的用户进行跟踪，审计其行为。

三、边界防护技术

从没有什么安全功能的早期路由器，到防火墙的出现，网络边界一直在进行着攻击者与防护者的博弈。这么多年来，“道高一尺，魔高一丈”，好像防护技术总跟在攻击技术的后边，不停地打补丁，但是实际上，边界的防护技术也在博弈中逐渐成熟。

（一）防火墙技术

防火墙通常处于企业的内部局域网与 Internet 之间，可限制 Internet 用户访问内部网络及管理内部用户访问外界的权限。换言之，防火墙可看成是一个提供封锁的工具，因此它只适合相对独立的网络，如企业内部的局域网等。从总体上看，防火墙应具有以下五大基本功能：过滤进、出网络的数据；管理进、出网络的访问行为；封堵某些禁止的业务；记录通过了防火墙的信息内容和活动；对网络攻击进行监测和报警。

为实现以上功能，在防火墙产品的开发过程中，开发者们广泛应用网络拓扑技术、计算机操作系统技术、路由技术、加密技术、访问控制技术、安全审计技术等。实现防火墙功能的技术包括两大类型：包过滤防火墙或应用级防火墙。目前在市场上流行的防火墙大多属于应用级防火墙。应用级防火墙能够检查进出网络的数据包，透视应用层协议，还能够进行更加细化、复杂的安全访问控制，并做到精细的注册和稽核。此外，根据是否允许两侧通信主机直接建立链路，又可以分为网关和代理。

赛门铁克公司的企业级防火墙——Symantec Enterprise Fire Wall 就是应用级代理防火墙，它能够在保障用户网络系统安全的同时不影响其系统性能。Symantec Enterprise Fire Wall 具有良好的性能，包括互用性、灵活性和易用性。Symantec Enterprise Fire Wall 将应用级代理、网络链路和包过滤整合到独特的体系结构中，从而能保护数据、检查和发现攻击、控制非法用户对内部信息的访问。更重要的是，Symantec Enterprise Fire Wall 可以根据既定的安全策略，允许特定的用户和数据包进入系统，同时将安全策略不允许的用户和数据包阻隔在系统外，以达到保护高安全等级的子网、阻止墙外黑客的攻击、抵御入侵的目的。在完成上述任务的同时，Symantec Enterprise Fire Wall 还可为本地和远程防火墙提供集中管理，因而成为了能满足企业保护需求的、可管理的可靠防火墙。

尽管防火墙可以在企业网络的边界起到安全屏障的作用，但是网络安全专家赛门铁克认为防火墙并不是万能的。作为一种被动的技术，由于防火墙假设了网络边界的存在，因此它对内部的非法访问难以进行有效控制。防火墙无法防止来自防火墙内侧的攻击，对各种已识别类型攻击的防御依赖于正确的配置，对各种最新攻击类型的防御依赖于防火墙知识库的更新速度和相应配置的更新速度。一般来说，防火墙擅长保护设备，但不擅长保护数据。

（二）多重安全网关技术

既然防火墙不能解决各个层面的安全防护，就多上几道安全网关，此时就诞生了 UTM 设备，此类设备组合在一起是 UTM，分开就是各种不同类型的安全网关。多重安全网关就是在网络“城门”上多设几个“关卡”，且各“关卡”各自有职能分工，有验证件的、有检查行李的……多重安全网关的安全性显然比防火墙要好些。但大多的多重安全网关都是通过识别特征来确认入侵行为的，虽然这种方式速度快，不会带来明显的网络延迟，但也有它本身固有的缺陷：首先，应用系统的更新速度一般较快，所以网关要及时地升级；其次，很多黑客的攻击是利用“正常”的通信，分散、迂回侵入的，没有明显的特征，多重安全网关对于这类攻击的防护能力有限；最后，安全网关再多，也只是若干个“检查站”，一旦“混入”大门内部，网关就没有防护作用了，这也是有些安全专家对多重安全网关“信任不足”的原因。

（三）网闸技术

网闸的安全思路来自于“不同时连接”。不同时连接两个网络，通过一个中间缓冲区来“摆渡”业务数据，不仅能实现业务互通，还能在原则上减小入侵的可能性。网闸只是单纯地摆渡数据，近似于人工 “U 盘摆渡”的方式。网闸的安全性依赖于它摆渡的是“纯数据”还是“灰数据”，若通过的数据清晰可见，入侵行为与病毒没有了藏身之地，网络就相对安全了。但是，因为网闸作为网络的互联边界，必然要支持各种业务的连通，也就是要通过某些通信协议，所以网闸上大多开通了协议的代理服务，就像城墙上开了一些特殊的通道，网闸的安全性也就打了折扣。在对这些通道进行安全检查的方面，网闸与防火墙的思路正好相反，网闸的思想是先堵上，根据“城内”的需要再开一些小门，防火墙是先打开大门，对不希望的人再逐个禁止。在入侵的识别技术上，网闸与防火墙差不多，可以采用多重网关增加对应用层的识别与防护。后来虽然网闸设计中出现了存储通道技术、单向通道技术等，但都不能保证数据的“单纯性”，由于网闸的检查技术没有新的突破，所以网闸的安全性受到了专家们的质疑，但是网闸还是给我们带来了两点启示：

（1）建立业务互通的缓冲区。既然业务互通时存在不安全的因素，那么单独开辟一块地区，缩小不安全的范围也是好办法。

（2）协议代理。其实防火墙也有协议代理的用途，即不让外人进入。黑客在网络的大门外进不来，威胁就小多了。

（四）数据交换网技术

从防火墙到网闸，都是采用的关卡方式，虽然这些防护系统的防护方法各有不同，但都不能有效抵御黑客的最新攻击技术。数据交换网技术是基于缓冲区隔离的思想，在网络城门处修建了一个“数据交易市场”，形成隔离缓冲区，并引进了可以保护数据完整性的Clark-Wilson模型，在防止内部网络数据泄密的同时，又保证了数据的完整性。数据交换网技术给边界防护提供了一种新思路，即在两个网络间建立一个缓冲区，让“贸易往来”处于可控的范围内。数据交换网技术和其他边界安全技术相比，有显著的优势：

（1）综合使用了多重安全网关与网闸，采用多层次的安全“关卡”。

（2）有了缓冲空间，可以提高网络的安全监控与审计能力，用监控者来对付黑客的入侵。边界处于可控制的范围内，任何风吹草动都逃不过监控者的眼睛。

（3）业务的代理保证了数据的完整性，也让外来的访问者止步于网络的缓冲区，其所有的需求都由服务人员提供。就像是来访的人只能在固定的接待区洽谈业务，不能进入内部的办公区。

第二节　传输安全

一、传输安全的多方面挑战

（一）无线传感器节点的限制

1.电源能量有限

传感器节点体积微小，通常只能携带能量十分有限的电池。由于传感器节点数目庞大、成本低廉、分布区域广、部署环境复杂，所以无线传感器网络节点用更换电池的方式来补充能量是不现实的。传感器节点消耗能量的模块包括传感器模块、处理器模块和无线通信模块。随着集成电路工艺的进步，处理器模块和传感器模块的功耗变得很低，绝大部分的能量消耗在无线通信模块上，无线通信模块有发送、接收、空闲和睡眠四种状态。无线通信模块在发送状态下的能量消耗较多，在空闲状态和接收状态下的能量消耗略少于发送状态下的能量消耗，在睡眠状态下的能量消耗最少。如何让网络通信更有效率，是设计无线传感器网络协议时须重点考虑的问题。

2.通信能力有限

无线通信的能量消耗与通信距离的关系为：

$$E=kdn$$

其中，参数 n 满足关系 2<n<4，n 的取值与很多因素有关，如传感器节点周围的环境、天线的质量等。k 是一个常数，d 是通信距离。由上述公式可知，随着通信距离的增加，无线通信的能量消耗将急剧增加。因此，在满足通信连通度的前提下应该尽量减小单跳的通信距离。考虑到传感器节点的能量限制和网络覆盖区域的面积，无线传感器网络多采用多跳路由的传输机制。

3.计算和存储能力有限

传感器节点通常是一个微型的嵌入式系统，它的处理能力、存储能力和通信能力都相对较弱。每个传感器节点都兼顾传统网络节点的终端和路由器的双重功能。汇聚节点的处理能力、存储能力和通信能力都相对较强，它连接传感器网络和外部网络，实现两种协议栈之间的通信协议转换，同时还发布管理节点的监测任务，并把收集到的数据转发到外部网络上。用户通过管理节点配置和管理传感器网络，发布监测任务及收集监测数据。

（二）无线传感器网络的特点

由于传感器网络节点特点的要求，多跳、对等的通信方式较传统单跳、主从的通信方式更适合于无线传感器网络，同时还可有效避免在长距离无线信号传播过程中遇到的信号衰落和干扰问题。通过网关，传感器网络还可以连接到现有的网络基础设施上，从而将采集到的信息回传给远程的终端用户。下面简单介绍无线传感器网络具有的几个主要的特点：

1.大规模网络

为了获取精确信息，在监测区域内通常部署大量的传感器节点，传感器节点的数量可能达到成千上万，甚至更多。

传感器网络的大规模性具有如下优点：通过不同空间视角获得的信息具有更大的信噪比；通过分布部署并处理大量的采集信息的方式，能够提高监测的准确度，降低对单个节点传感器的准确度要求；大量冗余节点的存在，使系统具有很强的容错性；大量节点能够扩大监测区域，减少盲区。

2.自组织网络

在传感器网络应用中，通常情况下传感器节点会被放置在没有基础结构的地方。传感器节点的位置不能预先精确设定，节点之间的相互邻居关系也无法预知，如通过飞机将大量传感器节点播撒到面积广阔的原始森林中，或随意放置到人迹罕至的危险区域。

这样就要求传感器节点应具有自组织的能力，能够自行进行配置和管理，能通过拓扑控制机制和网络协议自动形成转发监测数据的多跳无线网络系统。在传感器网络的使用过程中，部分传感器节点由于能量耗尽或环境影响失效，也有一些节点为了弥补失效节点、增加监测准确度而补充到网络中，这样传感器网络中的节点个数就会动态地增加或减少，从而使网络的拓扑结构随之进行动态变化。传感器网络的自组织能力要能够适应这种网络拓扑结构的动态变化。

3.多跳路由

网络中节点的通信距离有限，一般能覆盖的范围是几十到几百米，节点只能与在它射频覆盖范围之内的“邻居”直接通信。如果希望与其射频覆盖范围之外的节点进行通信，则需要通过中间路由节点。网络的多跳路由通过网关和路由器来完成，而无线传感器网络中的多跳路由是通过普通网络节点完成的。

这样每个节点既可以是信息的发起者，也可以是信息的转发者。

4.动态性网络

传感器网络的拓扑结构可能因为下列因素而改变：

（1）环境影响或电能耗尽造成传感器节点出现故障或失效；

（2）环境变化可能造成无线通信链路带宽的变化；

（3）传感器网络的传感器、感知对象和观察者三要素都可能具有移动性；

（4）新节点的加入。这就要求传感器网络系统要能够适应这种变化，具有动态的系统可重构性。

5.以数据为中心的网络

传感器网络是任务型的网络，脱离传感器网络谈论传感器节点没有任何意义。传感器网络中的节点采用节点编号来标志。由于传感器的随机部署，所以传感器网络与节点编号之间是完全动态的关系。因此用户在使用传感器的网络查询事件时，应直接将所查询的事件通告给网络，而不是通告给某个确定编号的节点。

二、物联网传输安全技术

物联网信息传输安全技术如下：

（一）女巫攻击技术

女巫攻击是2002年由John R. Douceur在《the Sybil Attack》文中提出的，它是作用于对等（Peer-to-Peer，简称P2P）网络中的一种攻击形式：攻击者利用单个节点在P2P网络中伪造多个身份，从而达到削弱网络的冗余性、降低网络健壮性、监视或干扰网络正常活动的目的。

在P2P网络中，为了解决来自恶意节点的安全威胁，通常会引入冗余备份机制，将运算或存储任务备份到多个节点中，或者将一个完整的任务分割存储在多个节点中。正常情况下，一个设备实体代表一个节点，一个节点由一个ID

来标识身份。然而，在 P2P 网络中，缺少可信赖的节点身份认证机构，因此难以保证所备份的多个节点都来自不同的实体。攻击者可以通过只部署一个实体，向网络中播撒多个身份 ID 的方法，来充当多个不同的节点，这些伪造的节点一般被称为 Sybil 节点。Sybil 节点为攻击者争取到了更多的网络控制权，一旦用户查询资源的路径经过这些 Sybil 节点，攻击者就可以干扰其查询、返回的结果，甚至拒绝回复。

（二）非法 TCP 报文攻击防御技术

在 TCP 报文的报头中，有几个标志字段。SYN 即连接建立标志，TCP SYN 报文就是把这个标志设置为 1，并以此请求建立连接；ACK 即回应标志，在一个 TCP 连接中，除了第一个报文（TCP SYN）外，所有报文都会设置该字段作为对上一个报文的响应；FIN 即结束标志，当一台主机接收到一个设置了 FIN 标志的 TCP 报文后，会拆除这个 TCP 连接；RST 即复位标志，当 IP 协议栈接收到一个目标端口不存在的 TCP 报文时，会回应一个 RST 标志设置的报文；PSH 即通知协议栈尽快把 TCP 数据提交给上层程序处理。非法 TCP 报文攻击是通过设置非法的标志字段消耗主机处理的资源甚至导致主机系统崩溃，如以下几种经常设置的非法 TCP 报文。

（1）SYN 标志和 FIN 标志同时设置的 TCP 报文：正常情况下，SYN 标志（连接请求标志）和 FIN 标志（连接拆除标志）不能同时出现在一个 TCP 报文中，而且 RFC 也没有规定 IP 协议栈如何处理这样的畸形报文。因此各个操作系统的协议栈在收到这样的报文后其处理方式也不同，攻击者就可以利用这个特征，通过发送同时设置的 SYN 和 FIN 报文，来判断操作系统的类型，然后针对该操作系统，进行进一步的攻击。

（2）没有设置任何标志的 TCP 报文：正常情况下，任何 TCP 报文都会至少设置 SYN,ACK,FIN,RST,PSH 五个标志中的一个，第一个 TCP 报文（TCP 连接请求报文）设置 SYN 标志，后续报文都设置 ACK 标志。有的协议栈基于这样的规则，对不设置任何标志的 TCP 的报文没有进行处理，这样的协议栈如果收到了不设置任何标志的 TCP 报文可能会崩溃。攻击者就利用这个特点，对目标主机进行攻击。

（3）设置了 FIN 标志却没有设置 ACK 标志的 TCP 报文：正常情况下，除了第一报文（SYN 报文）外，所有的报文都应设置 ACK 标志，包括 TCP 连接拆除报文（FIN 标志设置的报文）。但有的攻击者却可能向目标主机发送设置了 FIN 标志却没有设置 ACK 标志的 TCP 报文，这样可能导致目标主机崩溃。

（三）路由相关攻击检测和防御技术

1.防止外部 ICMP 重定向欺骗

（1）攻击者有时会利用 ICP 重定向来对路由器进行重定向，将本应送到正确目标的信息重定向到它们指定的设备，从而获得有用信息。

（2）禁止外部用户使用 ICMP 重定向的命令：interface serial0 no ip redirects。

2.防止外部源路由欺骗

（1）源路由选择是指使用数据链路层信息来为数据报进行路由选择。该技术跨越了网络层的路由信息，使入侵者可以为内部网的数据报指定一个非法的路由，这样原本应该送到合法目的地的数据报就会被送到入侵者指定的地址。

（2）禁止使用源路由的命令：no ip source-route。

3.防止盗用内部 IP 地址

（1）攻击者可能会盗用内部 IP 地址进行非法访问。针对这一问题，可以利用路由器的 AP 命令将固定 IP 地址绑定到某一 MAC 地址之上。

（2）防止盗用内部 IP 地址命令：使用 arp 命令来固定 IP 地址、MAC 地址和 arpa。

4.在源站点防止 smurf

（1）要在源站点防止 smurf，关键是阻止所有的向内回显请求。这就要防止路由器将指向网络广播地址的通信映射到局域网广播地址。

（2）在 LAN 接口方式中输入如下命令：no ip directed-broadcast。

5.关闭路由器上不用的服务路

路由器除了可以提供路径选择外，它还是一台服务器，可以提供一些有用的服务。路由器运行时这些服务可能会成为敌人攻击的突破口，为了安全起见，最好关闭这些服务，这样会大大增加网络的安全性。不过有时候关闭某些服务会影响网络的性能，这就要具体看我们的网络环境了。

第三节　局域网安全

一、局域网安全风险与特征

网络安全性的主要定义包括两方面，一方面是保障某些网络服务可以正常运行，这就要求局域网在为用户提供网络服务时，需要有选择性地提供服务；另一方面是保证网络信息在进行资源共享或者数据处理时具有信息完整性，这就要求网络要在信息资源的传播途径和传播范围内保证信息的完整性。一旦网络安全受到威胁，网络系统就无法保证向用户提供正常的网络服务，也无法确认网络信息在传播过程中是否被非法入侵从而造成信息的不完整。因此，针对以上状况，需要在保证网络系统可以正常运行的基础上，提供一些相应的控制方法和安全技术来保障网络的安全性。

二、局域网可能出现的安全风险

（一）内部攻击

从字面意思来理解，内部攻击就是指由于用户的行为造成的内部网络安全隐患问题。从物理层面来说，局域网分为外部网络和内部网络，它们并不是直接相连的，但是，由于一些技术手段，经常会造成一些内部网络的安全隐患，主要有以下几点：第一，在设置网络防火墙时，一般会放在网络的边界位置，如果攻击者选择从内部网络进行攻击，是不会遇到防火墙阻碍的；第二，内部网络面向的对象是应用程序，应用程序一般会基于用户的需求逐渐增加。应用程序的增加加大了管理难度，也很容易出现管理技术上的安全漏洞；第三，内部网络不注重数据的加密处理，相应的信任机制不完善，一旦非法入侵者进入网络内部，很容易获取数据；第四，局域网内部网络带宽高，为非法入侵者使用黑客工具进行内部扫描节约了更多时间。

（二）摆渡攻击

当被物理隔离的两个网络彼此之间想要交换信息，在信息交换过程中攻击物理隔离网络的行为就叫作摆渡攻击。根据现今的计算机技术发展状况来看，摆渡攻击是比较容易进行的，只要通过移动存储介质非法入侵就可以对物理隔离的网络进行摆渡攻击。具体实现过程如下：攻击者首先控制已连入互联网的计算机，在移动存储介质与计算机进行连接时将“摆渡”木马植入到移动存储介质中。当使用移动存储介质访问内部网络时，“摆渡”木马接收到这个信息就会被激活，应用程序也随之启动，使可以自动获取局域网中的重要信息，同时还会对获取的信息进行加密处理，转移到存储介质中去，当移动存储介质再次接入互联网传输资料时，攻击者可以通过移动存储介质获取局域网中的信息，这便完成了摆渡攻击。

（三）非法外联

非法外联指的是局域网的用户非法接入互联网。有些用户为了方便，同时将计算机接入局域网和互联网，这种行为使得内网的物理隔离形同虚设，基本没有安全防御，外部入侵者就可以通过这条线路控制计算机。由于计算机接入了局域网，所以，局域网内部的信息会被人恶意利用。还有另外一种情况：由于工作需求，很多人会把公司内部的文件、信息移入自己的计算机中，在家办公，但是，通过某种技术仍能找到在接入互联网时曾在计算机中存在的局域网内部网络信息，导致重要信息被提取，破坏信息完整性，危害局域网安全。

（四）非法接入

非法接入指的是外部信息系统非法接入局域网络。随着计算机网络的飞速发展，计算机网络的应用遍及生活的方方面面，在布置局域网的线路时，通常会在可能出现网络连接的位置预留出相对应的网络接口。随着时间的流逝和控制网络接口的工作人员的变化，网络接口会出现无人控制的情况，非法入侵者如果检测到了没有安全防范的网络接口，便会通过外部的计算机进入局域网内部，威胁局域网的安全。

三、局域网安全防范策略

（一）物理安全策略

1.不同物理区域安全控制措施划分

由于不同区域的重要性及面临的风险不同，物理安全控制措施需要按照不同的区域类型采取不同的控制措施，不同区域类型常见的安全控制措施如下：

（1）敏感区域安全控制措施要求：①通过电子门禁系统（或门锁）控制进出；②在区域出入口安装视频监控装置；③外来人员进入时内部人员全程陪同；④无人员进出时，门禁（门锁）关闭。

（2）危险区域安全控制措施：①通过电子门禁系统（或门锁）控制进出；②在区域边界或出入口安装视频监控装置；③非工作时间禁止无关人员进入；④门禁（门锁）长期关闭。

（3）普通办公区域安全控制措施：①通过电子门禁系统（或门锁）控制进出；②在楼道或出入口安装视频监控装置；③下班后门禁（门锁）关闭。

（4）公共区域安全控制措施：①配备安保值班人员；②验证外来人员的身份；③给外来人员发放身份标识；④外来人员访问登记；⑤检查出入人员的

身份标识。

2.物理设施、设备安全管理与控制

除了物理区域划分与安全管控外，设施、设备安全管理与控制也是物理安全的另外一个重要方面，涉及支持性基础设施配备、设备维修保养管理、设备移动管理、设备的安全处置或再利用等内容。

（1）支持性基础设施配备

为保障设备的正常运行，应配备足够的支持性基础设施（如供电、供水、UPS和空调等）支撑运行。所有支持性基础设施应至少每年进行一次维护保养，减少由于设施故障或失效带来的风险。对支持生产、运行的设备应配备不间断电源，以防止短时停电对业务操作的影响。机房、关键出入口、走廊等区域应配备应急照明设施，并保证应急照明设施与备用电源连接。

（2）设备维修保养管理

能够存储信息的设备，在送修或保养前，必须由设备管理人员检查该设备是否含有敏感信息，如含有敏感信息则应清除这些敏感信息。如果因为特殊原因不能清除送修设备中的敏感信息时，必须与维修服务提供商签署保密协议。同时如果有签约公司对设备进行保养，在保养时，应由该设备的管理员全程陪同，在设备保养完成后，应由设备管理员检查该设备，确保设备能够正常、稳定地运行。在设备维护保养完成后，设备管理员应将维护保养报告归档备案。

（3）设备移动管理

未经设备管理部门的批准，任何人不得擅自改变设备的位置，更不能将设备移动到所在区域之外。如果需要将设备搬离机房，应评估并处理设备下线、搬离过程中的风险，并且需要确保该设备中的敏感信息已经被清除。

（4）设备的安全处置或再利用

所有设备的报废、销毁必须得到技术部门批准之后才可进行。如果需要重新利用设备，应删除设备中的敏感信息，并通过格式化、数据多次写入等方式，确保存储介质中的信息不能被还原。

（二）访问控制策略

访问控制是网络安全防范和保护的主要策略，它的主要任务是保证网络资源不被非法使用和非常访问。它也是维护网络系统安全、保护网络资源的重要手段。各种安全策略必须相互配合才能真正起到保护作用。下面分述几种常见的访问控制策略：

1.入网访问控制

入网访问控制为网络访问提供了第一道控制。入网访问控制使用户能够登录服务器并获取网络资源，控制准许用户入网的时间，并控制准许用户在哪台工作站入网。

用户的入网访问控制可分为三个步骤：用户名的识别与验证、用户口令的识别与验证、用户账号的默认限制检查。三道关卡中只要任何一关未过，该用户便不能进入该网络。

验证网络用户的用户名和口令是防止非法访问的第一道防线。用户注册时首先输入用户名和口令，服务器将验证所输入的用户名是否合法。如果验证合法，才继续验证用户输入的口令，否则，用户将被拒之网络之外。用户的口令是用户入网的关键所在，为保证用户口令的安全性，用户口令必须经过加密，还不能显示在显示屏上，此外，口令长度应不少于 6 个字符，且最好是数字、字母和其他字符的混合体。用户口令加密的方法有很多，其中最常见的方法有：基于单向函数的口令加密、基于测试模式的口令加密、基于公钥加密方案的口令加密、基于平方剩余的口令加密、基于多项式共享的口令加密、基于数字签名方案的口令加密等。经过上述方法加密的口令，即使是系统管理员也难以得到它。用户还可采用一次性用户口令，或用便携式验证器（如智能卡）来验证用户的身份。

2.网络权限控制

权限控制主要分为粗粒度 URL 级别的权限控制和细粒度的方法级别权限控制。

（1）粗粒度URL级别的权限控制

我们在后台系统的操作，无论是点击一个按钮，还是点击一个菜单项，都是在访问服务器端的一个资源，而标识服务器资源的就是URL。如何控制用户对服务器资源的操作权限呢？在我们的数据库中会有两张表：用户表和权限控制表。用户表中的用户会同权限控制表中的相关权限进行关联，通过Fliter判断当前用户是否具有对应着URL地址的权限，如果用户对应的权限列表中没有当前访问的URL地址，就提示权限不足。如果用户对应的权限列表中含有URL地址，则允许用户访问。

简单来说，粗粒度URL级别的权限控制，就是在数据库中存放用户、权限，访问URL对应的关系。在当前用户访问一个URL地址时，就去查询数据库，判断用户当前具有的权限是否包含这个URL地址，如果包含就允许访问，如果不包含，就提示权限不足。

（2）细粒度方法级别的权限控制

细粒度方法级别的权限控制相较粗粒度URL级别的权限控制更加精细。同样，在点击后台系统的一个按钮或者是一个菜单项时，都是在访问服务器端的一个URL资源，而这个URL地址会涉及到表现层、业务层和DAO数据层。相同的是，两种权限控制都是通过查询数据表中当前用户的相关权限进行比对，而判断是否要对用户放行，不同的是，细粒度方法级别的权限控制是基于自定义的注解实现的。

3.目录级安全控制

网络应允许控制用户访问目录、文件、设备。用户在目录一级指定的权限对所有文件和子目录有效，用户还可进一步指定目录下的子目录和文件的权限。子目录和文件的访问权限一般有八种：系统管理员权限、读权限、写权限、创建权限、删除权限、修改权限、文件查找权限、存取控制权限。用户对文件或目录的有效权限取决于以下三个因素：用户的委托者指派、用户所在组的委托者指派、继承权限屏蔽取消的用户权限。一个网络系统的管理员应当为用户指定适当的访问权限，这些访问权限控制着用户对服务器资源的访问。八种访问权限的有效组合既可以让用户有效地完成工作，同时又能有效地控制用户对服务器资源的访问，从而加强了网络和服务器的安全性。

（三）信息加密策略

信息加密的目的是保护网内的数据、文件、口令和控制信息，保护网上传输的数据。网络加密常用的方法有链路加密、端点加密和节点加密三种。链路加密的目的是保护网络节点之间的链路信息安全；端点加密的目的是为源端用户到目的端用户的数据提供保护；节点加密的目的是为源节点到目的节点之间的传输链路提供保护。用户可根据网络情况酌情选择上述加密方式。

信息加密过程是通过形形色色的加密算法来具体实现的，它用很小的代价提供了很大的安全保护。在多数情况下，信息加密是保证信息机密性的唯一方法。据不完全统计，到目前为止，已经公开发表的各种加密算法多达数百种。如果根据收发双方密钥是否相同来分类，可以将这些加密算法分为常规密码算法和公钥密码算法。

在常规密码算法中，收信方和发信方使用相同的密钥，即加密密钥和解密密钥是相同或等价的。比较著名的常规密码算法有：DES、Triple DES、GDES、New DES、IDEA、RC4、RC5 及以代换密码和转轮密码为代表的古典密码等。在众多的常规密码中，影响最大的是 DES 密码。

公钥密码算法也被称为非对称密码算法。其最大特点是其密钥是成对出现的，其密钥对由公钥和私钥组成。公钥和私钥是不相同的，已知私钥可推导出公钥，但已知公钥不能推导出私钥。公钥可对外公开，私钥由用户自己秘密保存。

公钥密码算法有两种基本应用模式：一是加密模式，即以用户公钥作为加密密钥，以用户私钥作为解密密钥，多个用户的加密信息只能由一个用户解读；二是认证模式，即以用户私钥进行数字签名，以用户公钥进行验证签名，一个用户的签名可以由多个用户验证。

目前的公钥密码主要有 RSA、ECC、IBC 三类，针对 RSA 我国没有相应的标准算法出台，而针对 ECC 和 IBC，我国分别有相应的 SM2 和 SM9 标准算法发布。

（四）网络安全管理策略

在网络安全中，除了采用上述技术措施外，加强网络的安全管理、制定有关规章制度，对确保网络安全，并能保证网络可靠地运行，起到了十分有效的作用。安全管理策略是指在一个特定的环境里，为了提供一定级别的安全保护所必须遵守的规则。

四、局域网安全防范体系层次系

一个全面、整体的网络安全防范体系是分层次的，不同的层次反映不同方面的网络安全问题，根据当今网络的应用状态和网络结构，将网络安全防范体系分为物理层安全、系统层安全、网络层安全、应用层安全和管理层安全五个层次。

（一）物理层安全

该层次的安全包括通信线路的安全、物理设备的安全、机房的安全等。物理层的安全主要体现在通信线路（线路备份、网管软件、传输介质）的可靠性，比如：软硬件设备（替换设备、拆卸设备、增加设备）的安全性，如设备的备份，防灾害、防干扰能力，设备的运行环境（温度、湿度、烟尘）及不间断电源保障等。

（二）系统层安全

该层次的安全问题主要体现在网络内使用的操作系统的安全性，如 Windows NT、Windows2000 等。主要表现在三个方面：一是操作系统本身的缺陷带来的不安全因素，主要包括身份认证、访问控制、系统漏洞等；二是操作系统的安全配置问题；三是病毒对操作系统的威胁。

（三）网络层安全

该层次的安全问题主要体现在网络方面的安全性。包括网络层身份认证、网络资源的访问控制、数据传输的保密与完整性、远程接入的安全、域名系统的安全、路由系统的安全、入侵检测的手段及网络设施防病毒等。

（四）应用层安全

该层次的安全问题主要体现在为 IT 提供服务时所采用的应用软件和数据的安全性，包括 Web 服务、电子邮件系统、DNS 等。此外，还包括病毒对系统的威胁。

（五）管理层安全

该层次的安全管理包括安全技术和设备的管理、安全管理制度、部门与人员的组织规则等。管理的制度化在很大程度上影响着整个网络的安全，严格的安全管理制度、明确的部门安全职责划分、合理的人员配置都可以在很大程度上降低其他层次的安全漏洞。

第四节　准入安全

如何加强内网终端的安全管理、防范各种网络威胁与风险，是企业亟须解决的问题。为了确保企业内部网络的安全、高效运转，某企业通过调研与对比，最终决定采用国内某公司的网络准入安全控制系统控制和管理内网接入设备。

一、网络准入安全控制的简介

网络准入安全控制指保护网络的边界，检查接入网络的终端和终端的使用人。网络准入安全控制的目标是防止病毒和蠕虫等新兴黑客技术危害企业的安全。网络准入安全控制的主要思路是终端接入网络之前，根据预定的安全策略对终端进行检查，只允许符合安全策略的终端接入网络，自动拒绝不安全的终端接入网络，直到这些终端符合网络内的安全策略为止。网络准入安全控制技术经历了三代技术框架的变迁。第三代 NAC 产品本身是一个网络设备，对网络环境的要求很低，主要是通过网络层的检测来控制接入网络的终端，其中最具代表性的有虚拟网关、网关、策略路由等技术。

二、网络准入安全控制的功能

（一）用户身份认证

从接入层对访问的用户进行最小授权控制，根据用户身份严格控制用户对内部网络的访问范围，确保企业内网资源的安全。

（二）终端完整性检查

通过身份认证的用户还必须通过终端完整性检查，查看连入系统的补丁、防病毒等功能是否已及时升级、是否潜在安全隐患。

（三）终端安全隔离与修补

不允许通过身份认证但不满足安全检查的终端接入网络，并强制引导此类终端移至隔离修复区，同时提示用户安装与补丁、杀毒软件、配置操作系统等有关的安全系统。

（四）非法终端网络阻断

能及时发现并阻止未授权终端访问内网资源，避免非法终端攻击内网，从而确保内网的安全。

（五）接入强制技术

支持几乎所有的网络接入强制技术，如 802.1X、DNS 代理、防火墙、CISCO EOU、H3C Portal、VPN 等，实现从网络层到系统层接入的全面、深度控制，有效拒绝未知设备接入终端。

三、网络准入安全控制的实施

（一）基于策略路由的准入方案

以 xx 公司为例，该公司的网络交换机品牌以 3C 为主，各层交换机之间兼容性好。此次部署的网络准入控制系统基于第三代准入控制技术，是软硬件集成的终端安全管理平台。根据公司的网络现状与需求，采用策略路由模式、物理旁路方式连接核心交换机。此模式无需改动网络的拓扑结构，支持的逃生机制简单。基于策略路由的准入方案，通过在核心交换机上利用 CL 捕获所有访问核心业务服务器的数据流量，并通过策略路由将捕获的流量发送至已经配置好的下一跳地址。其上行数据路由为：核心网关→准入设备→核心网关→目标资源。所有访问核心服务器的设备都会被准入设备所控制，从而达到保护核心资源、对入网设备进行准入安全控制的目标。策略路由部署方式只对终端上行流量做重定向，对数据量影响较小。

（二）网络准入安全设备的端口设置与接线

网络准入安全设备的三个端口 ETH0、ETH1、ETH3，分别通过 3 条网线与核心交换机相连。ETH0 口是重定向接口，终端流量从此接口重定向，连接至核心交换机上的 G1/1/0/6；ETH1 口是准入管理口，用作管理、终端认证地址，连接至核心交换机上的 G1/1/0/5；ETH3 口为 trunk 口，用作终端自动发现，辅助准入设备发现接入网内的终端，连接至核心交换机上的 G1/1/0/7。

（三）基于角色的网络授权准入控制系统

基于终端用户的角色，根据事先配置的接入控制安全策略分配网络访问权限，通过角色权限规范用户的网络使用行为，每个入网终端分配一个角色。角色定义包括：安全规范、安全域、安全策略三个方面。

1.安全规范的检查项

（1）杀毒软件检查：检查是否安装杀毒软件。

（2）网络连接检查：检查是否存在无线 WLAN 与双网卡，若不符合工作需要，则禁用；符合工作需要的，设置特殊角色与使用权限。

（3）操作系统版本检查：检查操作系统版本是否符合安全要求。

2.安全域设定

根据入网终端的业务需求范围划分多个安全域，包括：局域网、广域网、互联网，再由管理员配置安全域的 IP 地址段。

3.安全策略的设定

（1）违规外联：只能访问规定区域内的网络资源，禁止访问违规区域。

（2）移动介质管理：对 U 盘等移动介质进行设定，可禁止移动介质的使用，对有特殊用途的用户，单独开启移动介质的使用权限。

4.终端角色的控制管理

（1）终端角色安全域、控制要求与方法所领导的角色安全域范围是局域网、广域网、互联网，控制要求和方法是安装准入控制客户端，审核通过，可访问安全域内的资源。

（2）班组角色安全域范围是局域网、广域网，控制要求和方法去安装准入控制客户端并审核通过后，可允许访问安全域内的资源，禁止访问违规区域。

（3）特殊角色安全域范围是局域网、广域网，控制要求和方法去安装准入控制客户端并在安全规范上进行限定，审核通过后可访问安全域内的资源。

（四）终端入网流程

终端接入网络时，被重定向至客户端安装界面，安装客户端后，进行终端设备注册，填写终端使用人的姓名、部门等信息，注册后提交认证，由网络管理员审核终端身份，拒绝非法终端入网。合规的终端依据所属角色分配权限，可以访问相关资源；不合规的终端被隔离，直至修复完成。

四、网络准入安全控制系统上线后的效果

（1）实现了对入网终端的可控管理，确保了每个接入网络的终端都符合入网安全管理规范。可快速定位入网终端所属的交换机与端口，查看网络终端的信息和状态。将 IP 地址与 MAC 地址进行绑定管理，杜绝了随意更改 IP 地址行为的发生。

（2）利用准入控制系统的远程协助功能，解决了终端中常见的故障，减少了维护量，提高了解决问题的效率。

（3）通过任务管理进行软件分发，向客户端推送软件或补丁，便于软件与补丁的安装与更新。

（4）通过准入控制系统的查询统计，可以统计、查询入网计算机的硬件资产并导出资产报表，对硬件资产的管理提供了翔实的记录。

部署网络准入安全控制系统后，实现了有效的终端入网控制，规范了终端用户的入网行为，提高了信息管理人员的工作效率。但网络准入安全控制系统只是侧重于终端入网的管理，还要与防火墙、杀毒软件等安全管理系统结合起来，才能全方位地管理好网络安全。

第五节　身份与访问管理

管理身份和访问企业应用程序仍然是当今网络系统面临的最大挑战之一。虽然企业可以在没有良好的身份和访问管理策略的前提下利用若干云计算进行服务，但并非长久之计。延伸企业身份管理服务到云计算是实现按需计算服务战略的先导，评估企业云计算的身份和访问管理是否准备就绪，以及理解云计算供应商的能力，是应用云计算系统的必要前提。

一、身份供应建议

（1）由云计算供应商提供的身份供应功能目前没有满足企业的需求。客户应避免专用的解决方案，如创建云计算供应商独有的自定义连接器，因为这些加剧了管理的复杂性。

（2）客户应使用由云计算供应商提供的标准连接器，且这些最好是建立在服务供应标记语言 SPML 模式上。若您的云计算供应商目前尚未提供，您应该要求其提供 SPML 支持。

（3）客户应修改或扩展其权威身份数据库，以便它能在云端的应用和进程中进行使用。

二、认证建议

云计算供应商和客户企业都应考虑与凭证管理和强认证相关的挑战，并制订符合成本效益的解决方案来适当地减少风险。

SaaS 和 PaaS 供应商通常提供的选择是到他们的应用程序或平台进行内置的认证服务，或将认证服务以委派身份的方式交给客户企业。

客户企业有以下几种选择：

（1）企业认证。企业应考虑通过他们的身份认证的认证用户，并通过联盟建立与 SaaS 供应商的信任。

（2）个人用户以自己的名义认证。企业应该考虑使用以用户为中心的认证方式，如谷歌、雅虎、OpenID 及 Live ID 等，从而建立能在多个网站有效使用的单套凭据。

（3）任何 SaaS 供应商如果需要依赖专有方法来委托认证，在此情况下应做一个适当的安全评价后，方可继续认证。通常应优先采纳使用开放标准的委托认证方法。

对于 SaaS，认证方面可以利用现有企业的能力。

对于 IT 人员，因为他们可以利用现有的系统和过程，建立一个专门的虚拟专用网将是一个更好的选择。

一些可能的解决方案包括建立一个通往公司网络或联盟的专门 VPN 隧道。当应用程序利用现有的身份管理系统时，专门 VPN 隧道技术可发挥更好的作用。

在专用 VPN 隧道不可行的情况下，应用程序的设计应该接受各种形式的身份认证断言，并结合如 SSL 标准的网络加密技术。这种方法不仅能在企业内部配置联合 SSO，而且可应用到云端应用程序。

当应用程序针对企业用户时，OpenID 是另一个选择。然而，由于 OpenID 的凭据控制是在企业外部，因此应适当限制这些用户的访问权限。

任何云计算供应商实施的本地认证服务都应兼容开放式认证 OATH。OATH 兼容的解决方案将可避免公司被锁定成为只能够接受某一个供应商身份认证凭据的问题。

为了能应用强认证（不论是哪种技术），云应用程序都应该支持、委托认证给享用此程序的企业，可通过 SAML 的服务达成此目的。

云计算供应商应该考虑支持各种强认证选择，例如一次性密码、生物识别、数字证书和 Kerberos。这将为各企业使用他们现有的基础设施提供另一种选择。

三、身份与访问管理的联盟建议

在云计算环境，身份联盟是可使联盟企业进行身份认证、提供单一或减少登录系统、服务供应商和身份提供者之间交换身份属性等的关键。机构在考虑云联合身份管理时应该了解各种挑战和可能的解决方案，以解决其身份生命周期管理、身份认证方法、令牌格式、和不可抵赖性的问题。

云计算供应商应该灵活地接受来自不同身份提供者的标准联盟格式，但目前，大部分云计算供应商只支持单一的标准，例如，SAML1.1 或 SAML2.0。为支持多种格式联盟令牌，云计算供应商应该考虑采取某些类型的联盟网关。

四、访问控制建议

选择或审查云服务访问控制的解决方案，需要考虑许多方面：

（1）审查访问控制模型的服务或数据类型是否适当。

（2）识别策略和用户配置信息的权威来源。

（3）评估所需的数据隐私策略的支持。

（4）选择一种格式，用以规定策略和用户信息。

（5）确定从策略管理点（PAP）到策略决策点（PDP）的策略传输机制。

（6）确定从策略信息点（PIP）到策略决策点（PDP）的用户信息传输机制。

（7）从策略决策点（PDP）请求一个策略决定。

（8）在策略执行点（PEP）强化一个策略执行。

（9）记录审计所需的日志资料。

五、身份作为服务建议

身份作为服务是一种通过利用云服务基础设施，构架在云服务上的身份服务。应遵循与内部的 IAM 同样的部署，并都辅以保密性、完整性、和可审计性的考虑。

对于外部用户，如合作伙伴，信息拥有者必须在 SDLC 生存期内和 IAM 的提供者一起工作。此外，还需要考虑到应用的安全性、组件间的交互关系，以及由此带来的一些漏洞。

PaaS 用户应研究 IDaaS 供应商对行业标准的支持程度，包括供应、认证、对访问控制策略的通信以及审计信息。

专有的解决方案对云端的 IAM 环境构成重大风险，这是因为专有组件缺乏透明度。专有网络协议、加密算法和数据通信往往有不太安全、不太可靠、互操作性不够等问题。所以对外部化的 IAM 组件采用开放标准非常重要。

对于 IaaS 客户来说，用于发布虚拟服务器的第三方系统镜像需要验证用户和镜像的真实性。因而对镜像的生命周期管理所提供的支持审查必须与验证内部网络上安装的软件遵循同样的原则。

第四章　新时代网络安全应用体系建设

第一节　应用系统安全设计与应用安全开发

如果只从外部防护的角度看网络安全工作，那么网络安全工作就是一个后置于系统应用设计和研发的工作。但是如果从软件整个生命周期的角度看网络安全工作，那么网络安全工作便需要横跨整个软件生命周期。

从当前实际的网络安全工作来看，我们大部分的精力都用来应对网络安全的存量问题，这些存量问题来源于正在运行的各种业务。在软件设计和研发的过程中，如果对业务流程中的安全因素考虑不全面，就会在设计和编码的环节中遗留问题，而这些问题就是引起安全风险的关键点，这些关键点又被称为“攻击面”。如果一个系统存在“攻击面”，那么就需要用大量的设备、策略、管理流程等去防范这个“攻击面”给网络安全带来的风险。

所以，如果在软件系统的设计和编码环节，全面考虑安全因素，尽量减少“攻击面”，那么势必会对后续运行阶段的网络安全工作带来积极影响，并能用更少的投入获得更好的效果。

下面，就从应用系统设计、研发、策略配置等角度，介绍一下如何从顶层设计方面实现网络安全。

一、架构设计方面

（一）应用系统设计安全

1.应用系统设计安全的意义

应用系统设计安全对软件开发项目的重要性毋庸置疑，保证应用系统设计的安全可以提高软件质量、节约软件开发成本，是软件项目成功开展的关键性保证。而在设计阶段，充分考虑应用系统设计安全同样可以提高软件的安全等级、保障信息安全。就如造一幢房子，在开始砌第一块砖之前，就必须事先画好建筑蓝图。如果在绘制建筑蓝图的时候没有充分考虑房子的地基深度、消防通道、门窗位置等问题，造好房子后必然会出现各种各样的安全问题。

2.应用系统设计安全的思路

在应用系统的设计阶段，应在设计系统功能的同时兼顾系统安全的设计，将安全设计思想融入应用系统设计的过程中，包括应用系统访问控制、应用访问安全、用户权限控制、敏感信息保护、审计日志、容错设计及容量规划等。

（1）应用系统访问控制

需要建立应用系统的访问控制机制，只有通过应用系统的认证和授权，才能访问应用系统。访问应用系统时，必须依据系统规定的访问流程进行访问。

（2）应用访问安全

应用系统在保障自身访问安全的前提下，还需要考虑应用系统的通信安全。组件之间的通信安全既要考虑内部组件之间的通信安全，更要考虑内部组件与外部系统之间的通信安全，如应用服务器和客户端之间的通信安全性，服务器之间的通信安全性等。应用系统和其他相关系统之间的通信安全性，在应用系统设计，尤其是应用系统部署架构设计中尤为重要。

（3）用户权限控制

应用系统需要设计不同级别的权限控制访问策略，给不同用户分配不同的使用权限。系统必须具有为不同用户授予不同权限的功能，这样可以保障用户仅能访问其权限范围内的部分应用系统，且不能访问其权限范围外的部分应用系统。

（4）敏感信息保护

应用系统中可能会存放较多的敏感信息，系统的安全性设计需要考虑敏感信息存放的安全性。通常需要将应用系统中的敏感信息保存在应用系统的服务器端中并进行加密存储，确保应用系统客户端没有存储任何敏感信息。对敏感信息进行加密存储时需要确保不能被人为破解，例如，金融系统的用户交易敏感数据通常使用硬件加密机制进行保护。

（5）审计日志

审计日志会明确记录“操作流水”，这样能够帮助我们分析这些日志。在分布式系统中，这些“操作流水”其实就是系统每一次的操作。不同类型的审计日志格式差异非常大，审计日志系统收集日志后，会对日志进行一定的处理，例如，对日志的格式进行统一调整，这样就可以把不同厂家的日志放在一起进行统计、分析和审计。有一定技术水平的管理员希望获得可以分析日志的工具，因此，应提供大容量的存储管理手段。用户的日志数据量是非常庞大的，如果没有好的管理手段，不仅会对审计查询造成困难，而且也会占用过多的存储空间。日志系统存储的冗余非常重要，如果在集中收集时，日志数据因硬件或系统损坏而丢失，就会导致很严重的损失。如果选购的是软件中的日志审计系统，用户在配备服务器的时候一定要检查存储的冗余，如果选购的是硬件中的日志审计系统，就必须检查硬件的冗余情况，防止出现问题。

（6）容错设计

应用系统不仅需要具备完善的功能，还需要具备很好的容错能力。在系统运行的过程中，由于各种原因可能会遇到各种各样的错误，如果不及时处理这些错误，就不能保证系统的正常运行，甚至引发应用系统的异常运行或错误运行，危及系统安全，因此，容错设计是系统安全性设计的重要环节。容错设计要求系统能允许错误存在，并预见、判断、纠正可能出现的错误，恢复和保持系统的正常运行。容错设计的基本思路是通过系统架构、软硬件配置和、应用软件等加以备份，通过负载处理等来屏蔽错误。通常应用系统的容错方法有两种：第一种是应用软件容错。通过应用系统自身软件设计可自我恢复模块来实现。第二种是系统平台容错。通过部署系统架构中的冗余硬件设备、负载均衡设备及错误处理软件来实现。

（7）容量规划

①设计项目所需要的网络时需要做一些调研性工作，同时还需要关键业务领导人的支持，并遵循以下步骤来避免过度配置。

容量规划技巧包括以下四个步骤：审查网络基线；审查 IT 路线图；了解网络硬件限制；确定业务支点。

审查网络基线：当项目立项或准备升级时，应启动网络容量规划进程。网络专业人员应使用传统的简单网络管理协议或现代网络分析平台来审查网络监控工具，并绘制一段时间内的网络活动。如果有历史数据可用（包括几个月甚至几年），网络专业人员就可以计算出网络使用量和性能随时间增长的平均增长速度，预测未来的网络性能需求。网络专业人员还应利用历史信息审查网络带宽，寻找其他互联网和 WAN 连接选项。很多情况下，可以在合理的价位上获得新兴技术，并且在很多情况下，多年连接的服务合同带有折扣价格，所以最好计算今天及未来数月和数年所需的吞吐量。

审查 IT 路线图：虽然历史数据很有用，但网络团队还应考虑未来技术项目对网络性能需求的影响。日常生活中的 IT 项目可能会导致网络吞吐量需求出现巨大变化，从而增加、减少或改变整个公司网络的数据流。例如，如果 IT 路线图显示当前在本地管理的应用程序和数据最终将转移到公共云服务，那么客户端和服务器的数据流将发生变化。这些数据流最终将不再到本地数据中心，而是通过公共互联网或 WAN 链接访问公共云服务。这种路线图的更改将极大地改变路由器和交换机的性能和吞吐量需求。这意味着，随着 IT 基础架构的变化，网络团队提供网络资源的位置也可能发生变化。

了解网络硬件限制：了解硬件限制（包括最大网络吞吐量）的方法之一是参考网络供应商的数据表，其中概述了所有功能、限制和升级的可能性。例如，基于机箱的网络交换机通常能够随着时间的推移升级其核心处理器，以提高底板吞吐量。网络专业人员应了解这些限制，以便在需要升级时做出最合理的决策。同样，交换机堆栈已成为企业网络访问层和分发层的流行选项。然而，与基于机箱的交换机硬件不同，使用堆栈时，背板容量是永久性的，无法升级。因而网络专业人员应记住，当需要向堆栈中添加额外的交换机硬件时，每个添加的交换机将消耗更多吞吐量，最终会达到堆栈背板的限制。

确定业务支点：在规划网络容量时，最难审查的部分是业务的稳定性。网络专业人士应该根据他们的业务需求调整网络管理策略。理想情况下，如果业务战略已经确定，这意味着网络需求不会发生变化，在这种情况下，网络团队不应该分配过多的资源，如果业务战略发生改变，网络战略的支点可能需要更多或更少的网络资源，这会在规划网络容量的过程中产生资源配置风险。因此，企业领导者需要预测不可预见的需求，或者他们需要承担浪费资源的风险。企业需要对每种与网络相关的改变情况进行成本效益分析。

②权衡配置和容量规划的成本。在这一过程开始之前，网络团队应预测、研究和规划未来网络配置和容量的成本。虽然对业务需求和未来结果的固有知识是网络供应和容量规划的重要组成部分，但网络可见性工具使这项工作的开展变得更容易且更省时。当然，网络可见性工具也需要花费金钱和时间来购买和安装，不过设置监控和分析工具所需的成本很低。由于除了监视外，这些工具还可以解决网络的性能问题，因此大多数企业都愿意部署这些工具，并将其用于多种用途，包括网络供应和容量规划。

（二）应用系统开发过程安全

1.应用系统开发过程安全的意义

应用系统开发过程是软件开发项目的实际执行阶段，其开发过程的安全是软件设计安全需要重点考虑的因素，也是系统软件项目研发和软件安全最重要的保障。如果忽视了应用系统开发过程的安全，即使有再好的安全性设计，软件的安全性也会大打折扣。就如建造房屋时忽视了工人的技能水平和过程中的安全管理，即使有再好的设计图纸，建好的房屋也经不起风雨的侵袭。应用系统开发过程是应用系统实际生成的重要阶段，也是系统安全的重要执行阶段，因而需要在代码开发中重点考虑安全设计，包括开发人员安全、开发运维分离、代码编写安全、代码测试安全等。

2.应用系统开发过程安全的要求

（1）开发人员安全

在系统开发的过程中，首先应当明确开发人员的身份、职责：

①项目经理。负责项目开发全过程的安全管理，包括管理项目各个环节是否都按照项目的安全要求及管理流程实施了安全保护措施。

②项目审核人员。负责审核项目开发过程，对开发人员开发的安全情况予以评估，保证开发安全，明确各个开发项目的工作范围以及相关的开发任务、计划要求，给予项目开发人员开发权限，并使项目开发人员对其开发结果负责。

③项目开发人员。负责根据项目开发计划和项目任务开展工作，按照项目安全要求及管理流程进行开发。项目开发人员必须按照项目安全要求及管理流程进行任务开发，保障开发内容的安全性，并及时向项目的负责人员汇报开发的进展。

最后，对于开发人员还需要培训其安全代码开发能力，包括以下内容：

①防止开发过程中的变量溢出。

②按照开发规范对代码错误进行错误输出处理。

③应用系统日志记录开发进程。

④尽量不记录敏感信息，确实要记录敏感信息时要进行加密保护处理。

（2）开发运维分离

在系统开发的过程中，需要保持应用系统开发和应用系统运维管理的职权分离，最好设立单独的开发部门和运维部门，这样可以更好地保护安全信息并避免以下系统安全问题：

①开发人员恶意篡改系统数据。

②不受控的调试代码在应用系统中运行。调试代码中往往包含调试信息，会对应用系统的性能造成影响。

③开发人员通常非常了解系统的内部运作机制，可能会对应用系统的运行造成很大的威胁。

（3）安全代码编写规范

①输入验证。不论在 C/S 架构或者是 B/S 架构中，都需要对用户输入的数据进行验证，并且客户端和服务器端要分开验证，确保业务流程数据的安全。

②系统检测。监测系统的边界值，能够解决软件的缓冲溢出问题。

③保护数据。需要保护从操作系统的环境变量中获取的数据，不能将安全信息和敏感数据存储在环境变量中。

④错误输出。向使用者展示的故障结果不应当包括程序的内部资讯，而应以故障码的方式呈现出来，通常只有开发者能够对其进行分析。一般情况下，采用同样的编程标准，所开发出来的程序相对来说较为一致，在后期维护、运行、查错等环节上都具有很高的安全性和可操作性。

（4）代码测试

代码测试是代码开发阶段的重要环节。代码测试包括测试计划、测试种类、测试环境和测试数据。

二、研发实现方面

（一）应用系统安全开发框架

以验证输入和编码输出为例，图 4-1 和图 4-2 展示了安全开发函数 SDAPI 调用的逻辑过程。在实际情况中，很多 Web 应用安全问题的产生原因，都是未对输入和输出进行有效的控制。如果输入和输出能够得到有效的控制，就可以杜绝很多安全问题。

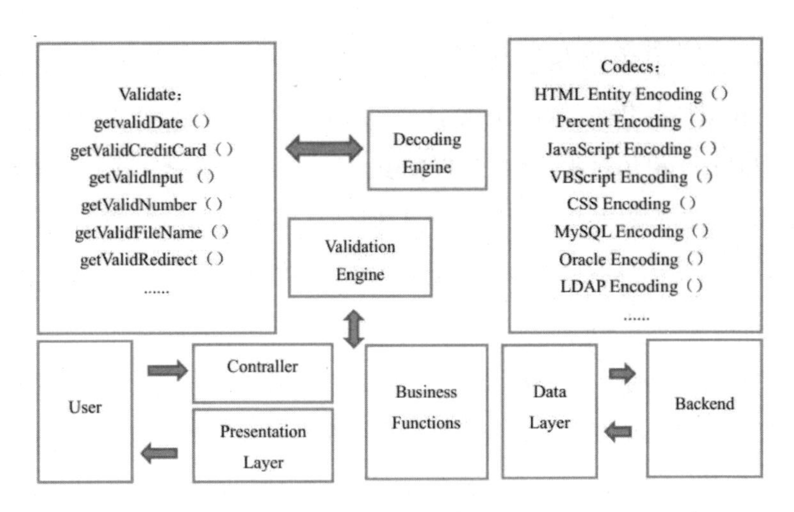

图 4-1　验证输入

图 4-1 中的例子展示了在验证输入和编码输出时防止 SQL 注入实现代码。通过图中代码可以看出使用 SDAPI 非常容易，在进行变量赋值时，调用 SDAPI: get Validator（）->get ValidInput 0 对输入验证和输出转义，然后由 SDAPI: getEncoder（）->encodeForSQL 完成对 SQL 语句的过滤。再将整个过程交给 SDAPI 函数库，就可以处理 SQL 注入问题。

经过实践的积累，SDAPI 对输入、输出，防止 SQL 注入等常见安全问题都提供了对应的安全控制实现方法。

编程语言主要是针对 Java 和 C 语言在框架中实施安全方案的，比程序员在业务中修复一个个具体的 Bug 有更多的优势。首先，有些安全问题在框架中得到统一解决，能够节省程序员的工作量，节约人力成本。当代码的规模大到一定程度时，在业务的压力下，专门花时间去一个个修补漏洞是不可能完成的任务。其次，对于一些常见的漏洞来说，由程序员逐一修补可能会出现遗漏的问题，而在框架内统一解决，就能有效避免遗漏。在框架内统一解决问题，需要制订相关的代码规范并应用相关的工具来配合。最后，在每个业务里修补安全漏洞，补丁的标准会难以统一，而在框架中集中修补，可以使所有的框架开发业务都能受益，从安全方案的有效性来说，更容易把握。

（二）应用系统安全开发内容

对应用系统公共的、有共同特性的安全模块做SDK安全组件，让开发人员在编码时直接引用这些模块，可以减少由于开发人员失误而带来的漏洞风险。针对应用系统、应用安全开发实践，分别从用户身份鉴别、传输安全、服务器端数据过滤、客户端安全等四方面进行SDK安全组件分类。

1.用户身份鉴别

用户身份鉴别是指计算机及网络系统确认操作者身份的过程，是信息系统安全建设中的一个重要环节，是解决信息系统安全问题时首先遇到的问题。用户身份鉴别对保证数据只被合法授权用户获取和访问起着重要的作用，因而建立强有力的身份鉴别体系成为保障各类信息系统安全的关键。

常用的身份鉴别技术包括：用户名/口令鉴别技术、物理介质鉴别技术、一次性口令鉴别技术、基于PKI机制的鉴别技术、生物特征鉴别技术等。

（1）用户名/口令鉴别技术。这是通过输入用户ID和已设定好的口令验证身份的技术，是最简单、应用最广泛的身份识别技术。

（2）物理介质鉴别技术。这是通过识别用户持有的物理介质（如磁卡、IC卡）来有效验证身份的技术。通常物理介质中记录着固定的静态信息，由合法用户随身携带，登录时必须将物理介质插入专用的读取设备中以读取其中的信息，验证用户的身份。

（3）一次性口令鉴别技术。这是一种让用户口令按照时间或使用次数不断变化、且每个口令只能使用一次的身份鉴别技术，是一种与时间同步的动态口令系统。

（4）基于PKI机制的鉴别技术。这是基于数字证书认证方式的认证鉴别技术，可以有效保证用户的身份安全和数据安全。

（5）生物特征鉴别技术。这是用计算机将人体所固有的生理或行为特征收集起来并进行处理，由此来鉴定个人身份的技术。目前，生物特征包括脸部、虹膜、视网膜、指纹、掌纹、手形等与生俱来的生理特征，以及语音、签名、步态等行为特征。

2.传输安全

（1）网络安全传输概述

近年来，随着计算机技术和网络技术的迅速发展，越来越多的社会团体、机关、企事业单位建立了计算机网络，形成了由局域网络为节点组成的庞大互联网络。在互联网络之间有越来越多的数据交换任务需要完成，以实现计算机软、硬件资源和信息资源的共享。在互联网络这种开放系统中交换数据，保证数据安全是至关重要的。

目前国际上通用的加密算法主要分为对称加密和非对称加密。不同的加密方法有不同的特点，并在数据传输安全要求较高的网络系统中得到了普遍应用，如电子商务、邮件传输等方面。

（2）网络安全传输核心

网络数据传输安全的核心是通过加密数据发送网络传输、数据接收环节中的数据，以达到实现数据安全的目的，保证在公用网络信息系统中传输、交换和存储数据的保密性、完整性、真实性、可靠性、可用性和不可抵赖性等。而加密技术则是数据传输安全的核心，它通过加密算法将数据从明文加密为密文并进行通信，即使被黑客截取密文也很难将其破译，只能通过对应的解码技术解码密文才能还原明文。

（3）网络安全传输加密算法

密码学是为了保证在发送者和接收者之间传递的数据不被第三者获得而对要传递的数据进行加密使其保密的科学。通常将要传递的数据称为明文，为了保护明文，可将其通过某种方式变换成无法识别的密文，这个变换过程称为加密。密文可以通过相应逆变换再还原成明文，这个过程称为解密。

加密算法可以看作是一个复杂的函数变换：

$$C=F（M，\mathrm{Key}）$$

公式中，C 代表密文，即加密后得到的字符序列；M 代表明文，即待加密的字符序列；Key 表示密钥，是秘密选定的一个字符序列。

当加密完成后，可以将密文通过不安全渠道发送给数据接收人，只有拥有解密密钥的数据接收人才可以对密文进行解密，即将密文逆变换得到明文。注意密钥必须通过安全渠道传递。

目前通用的加密算法主要分为对称加密和非对称加密。对称解密算法采用相同的密钥进行加密和解密，常用的对称加密算法有 AES、IDEA、RC2/RC4、DES 等，其最大的困难是密钥的分发，必须当面或通过在公共传送系统中使用相对安全的方法交换密钥。对称加密由于有加密速度快、硬件容易实现、安全强度高的优点，仍被广泛应用于加密各种信息。但对称加密也存在着固有的缺点：密钥更换困难，经常使用同一密钥加密数据，给攻击者提供了攻击密钥的机会和时间。非对称解密算法采用公钥进行加密，并利用私钥进行解密。公钥是可以公开的，任何人都可以获得，数据发送人用公钥将数据加密后再发送给数据接收人，数据接收人用自己的私钥解密。非对称加密的安全性主要依赖难解的数学问题，其密钥的长度比对称加密大得多，因而加密效率较低，主要使用在身份认证、数字签名等领域。非对称加密的缺点是加密速度慢，不适合大量数据的加密传输。非对称加密算法包括 RSA、DH、EC、DSS 等。目前比较流行的、最有名的非对称加密算法是 RSA。

RSA 的安全性在于对大整数因子进行分解的难度，其体制构造是基于数论的欧拉定理，产生公钥和密钥的方法为：

①取 2 个互异的大素数 p 和 q；

②计算 $n=p\times q$；

③随机选取整数 e，且 e 与（p-1）×（q-1）互为素数；

④另找一个数 d，使其满足（$e\times d$）mod[（p-1）×（q-1）]=1；（n，e）即为公钥；（n，d）为私钥。对于明文 M，用公钥（n，e）加密可得到密文 C，$C=m\hat{}e$ mod n；对于密文 C，用私钥（n，d）解密可得到明文 M，$M=Cd$（mod n）。

利用当今可预测的计算能力，在十进制下，分解 2 个 250 位质数的积要用数十万年的时间，并且质数用尽或 2 台计算机偶然使用相同质数的概率小到可以被忽略。由此可见，企图利用公钥和密文推断出明文或者企图直接利用公钥推断出私钥的难度极大，几乎是不可行的。因此，这种机制为信息的传输提供了很高的安全保障。

由上述内容可以发现，无论是对称加密和非对称加密都要完成如下的过程：

①产生密钥 Key；

②$C=F$（M，Key），即使用已经产生的密钥，通过加密算法将明文转换为密文。

③数据传输；

④$M=F'$（C，Key），即接收方使用解密算法，将密文转换为明文。

如果需要传输的明文数据庞大，则加密和解密的耗时就会非常长，并且数据传输时也会占用大量的网络资源。也就是以上②③④三个过程都会占用大量的时间和资源，如果能够降低这 3 个过程的时间，就会节省大量的资源，提高数据传输的效率。此外，可通过使用哈夫曼编码对文件进行压缩，可以大大降低以上 3 个过程的处理时间，并同时可以在传输处理过程中减少对计算机资源和网络资源的占用。

3.服务器端数据过滤

（1）统一安全过滤 SDK：对主要的 SQL 注入、XSS、XML 等通用性安全问题进行分析，整理漏洞，利用主要涉及的特殊字符，通过安全构件对其进行过滤，保护系统的安全性。

（2）富文本过滤 SDK：对用户提交的富文本数据进行过滤。采用白名单的方式过滤用户可以使用的标签和属性。

（3）数据输出转义 SDK：在服务端，针对文字输出的各种语境，如 HTML、CSS、JS、URL 等，将文字输出转化为文字，将特定字符进行编码处理。

（4）文件上传安全检查 SDK：为了控制由用户上传的恶意文件所引起的安全风险，要对用户上传的文件展开安全检查，检查的内容包括文件大小、类型（扩展名）、文件截断字符等。用户必须参照现有的资料范本，在 Web-INF

下建立专门的资料夹，并将相关资料放入这个资料夹的内部。

4.客户端安全加固

（1）面向移动平台专项领域的安全加固服务

为了更好地提高移动平台的安全性，网络开发者们充分发挥自身在该领域上的技术专长，为各移动平台的客户端 APP 提供专业的移动安全保护产品，并形成具有针对性的安全保护体系。阻止了山寨盗版应用和恶意代码的泛滥，净化了移动互联网的安全环境。

（2）面向不同层面的安全

CFCA 移动平台客户端加固服务目前的基础保护逻辑不仅仅是针对 Dalvik 虚拟机可解释执行的文件体，同时还涉及了本地二进制文件的加密保护，即 ELF[①]。针对这种文件格式的保护功能，可以扩展至具有同等硬件支持的移动设备。针对本地原生程序的保护是未来移动安全的趋势，因此这一层面的保护可以有效地防御多数的深层分析攻击。

（3）面向多种安全级别的需求

在移动平台普及的过程中，Android APK 的开发需求和开发者越来越多，应用软件的安全不仅仅是对开发过程的保护，还有对产品维护期与更新版本的保护。客户端加固服务不仅能对各类 Android 应用软件进行基本的安全开发保护，还能保护特定领域中需要高级别安全保护的产品。

三、策略设置方面

应用系统面临的主要安全威胁是因访问非授权的数据而造成的信息泄密和内部人员的权力滥用、有意犯罪。应用系统安全设计的主要目标是保证信息的保密性与完整性，主要依赖认证、加密、访问控制等安全服务来达成此目标。

①ELF：即 Executable and Linkable Format，可执行链接格式，是 UNIX 系统实验室作为应用程序二进制接口“Application Binary Interface-ABI”而开发和发布的，扩展名为 elf。

应用系统安全需要考虑数据权限、用户权限等方面。

（一）数据权限

专指对 Oracle 数据管理的权限，即各应用子系统对 Oracle 数据库中数据的操作权限，该权限由 Oracle 数据库管理系统进行授权。

本系统包含了四个独立的子系统，各子系统都以综合数据库为平台，读取数据及存储成果数据。综合数据库中存储了大量的各类数据，对于某一子系统来说，不需要访问所有数据，因此，为保证存档数据的安全，系统首先以子系统为单元，分配数据权限。每一个子系统都分配了一个连接 Oracle 数据库的用户名及口令，并根据子系统对数据的访问需求，为数据库中每一个具体的表空间设置了相应的权限，权限仅包括读取和添加两种。

例如，通过 Oracle 管理员为数据库管理子系统分配了连接 Oracle 的用户名 THol，并设置了对所有数据的读取权限和对基础数据库的添加权限（具体设置时按表空间分配权限），这样就保证了数据库子系统操作人员只能进行基础数据的入库及对其他数据的读取。对其他子系统的权限设置与此类似。

（二）用户权限

基于角色的访问控制模型就是把用户、角色、操作、资源按一定方式关联到一起，实现非自主型访问控制策略。使用基于角色的访问控制模型可以减轻安全管理工作的繁重任务，这种方式只需把新的用户分配给已有的角色即可，无须为用户重新指定资源或教用户如何操作，因而简化了授权管理工作。

为了保障本系统的信息安全，系统登录认证体系由三个要素组成：用户信息表、角色、权限。三者相辅相成，共同组成系统的安全运行屏障。

1.用户信息表

在用户信息表中存储用户名称、登录名、口令、各子系统权限、用户角色信息等。

用户信息表的添加、删除及子系统权限的修改由总系统授权的管理员执行。在本系统中，用户口令可以自行改变，用户权限的变更需要申请管理员同意，并由管理员修改。

子系统启动时读取用户信息表验证用户权限，在系统运行时依据用户在子系统中的权限级别分配用户可操作的功能，最终控制用户对 Oracle 数据库中数据的读取和操作的权限。

2.角色

角色可以根据需要任意添加，多个角色权限组合、生成多个权限控制，并对应到确定的用户，赋予用户对功能模块的控制权限。用户角色表包括角色名称、用户唯一值编码等信息。每个用户必须至少属于一个角色，每个角色具备多个功能的控制权限，控制权限通过角色传递给用户，从而使用户拥有控制功能的操作权限。

3.权限

权限表明了用户可执行的操作。系统权限的控制采用最大优先原则，用户可以拥有多个角色，每个角色都可拥有对每一页面的权限，但判断权限结果时只以最大权限为主，即管理员权限大于并包含访问者权限。

（三）数据库应用系统的安全设计

设计加密数据库的应用程序时应考虑以下几个问题：

（1）应为数据库应用程序设置执行权限。

（2）密钥放在证件盘上。

（3）屏蔽所有的功能菜单和按钮，只有当合法用户进行合法操作时才给予相应的显示。

（4）不能解密整个数据库，只解密合法用户的查询结果。

（5）当插入记录时，加密字段采用 PASSWORD 属性。

（6）采用过滤器技术，在 DBMS 和用户之间增加过滤器，过滤服务器给用户的数据，把用户的操作限制在合法范围内。

第二节　Web 端安全

一、Web 安全基础

从本节开始，会从技术角度来逐步展开网络安全的一些具体问题和应对方法。现阶段，网络安全问题在本质上还是技术之间的对抗。那么，知晓对抗的环节和方式，就能够在防护上做到心中有数、有的放矢。

当前 Web 服务是互联网服务提供的主要形式，我们就从 Web 开始，由前端到后端详细说明网络安全的实现方式。

（一）Web 核心原理

我们都知道，万维网的诞生改变了人们查询信息、获取信息的方式。那么什么是万维网呢？万维网是 World Wide Web 的翻译，正好中文的万维网的拼音首字母也是三个 W，而且这个词也恰如其分地解释出了英文 World Wide Web 的内涵。简单来说，万维网就是 Web。我们上面说到，万维网改变了人们查询和获取信息的方式，那么组成万维网核心的两个部分就是发现（连接）和获取（展示）信息。

我们在没有万维网以前要获取信息，就需要去图书馆、档案馆等存有信息数据的地方查找，这种方法的地理局限性非常明显，但好处就是，我们可以方便地在一个地方找到当地的图书馆或者档案馆，然后再通过里面的检索规则，比较快速地找到我们想要的信息。因此，我们在网络世界里面，也要先解决查找信息的问题。这就是 HTTP（Hyper Text Transfer Protocol，超文本传输协议）

来完成的工作。当然，HTTP 协议不仅仅起到传输的作用，它是在 TCP/IP 协议之上工作的。TCP/IP 协议是网络世界的基础，建立起了网络空间的路网，并且给网络世界中的所有信息的载体分配地址。

HTTP 协议在 TCP/IP 协议的基础之上进行工作，在获取一个页面或服务的信息时，具体包括以下 4 个步骤：

（1）建立连接。HTTP 协议首先会建立连接，这就依靠 TCP/IP 协议来完成，这一步会将通信链路打通。

（2）发送请求。请求者会按照协议格式发送请求信息，并且保证服务提供者可以接收到请求信息。

（3）服务提供者给出回复。服务提供者将请求者要求的信息以特定格式进行回复。

（4）关闭连接。请求者关闭连接，将通信链路进行关闭，释放资源。

由此可以看到，一次简单的请求并不像表面看起来这么简单，而是由一系列的底层协议和设施参与进来完成工作的。

上面说明了获取信息的过程，其中，HTTP 协议请求的第三步中提到，服务提供者以特定格式向请求者回复信息。这里的特定格式，就是信息的展示形式。信息的展示形式，以 HTML（Hyper Text Markup Language，超文本标记语言）为基础，还有 XML（Extensible Markup Language，可扩展标记语言）和 JSON（Javascript Object Notation，Javascript 对象标记）。这些虽然都可以称为“语言”，但不是编程语言的意思，而是一种带有固定展示结构（可以理解为语法）的表达方式。

```
<!DOCTYPE html>
<html>
  <head>
    <meta charset="utf-8">
    <meta name="viewport" content="width=device-width,initial-scale=1.0">
    <title>Your Site Name</title>
  </head>
  <body>
   <script type="text/javascript" src="//api.map.baidu.com/api?v=3.0&ak=DgizbHpImTxRZKlLNDbmiEEK42uuMAtN"></script>
    <div id="root"></div>
    <!-- built files will be auto injected -->
  </body>
</html>
```

图 4-2　HTML 示例

```
<?xml version="1.0" encoding="UTF-8"?>
<settings xmlns="http://maven.apache.org/SETTINGS/1.2.0"
          xmlns:xsi="http://www.w3.org/2001/XMLSchema-instance"
          xsi:schemaLocation="http://maven.apache.org/SETTINGS/1.2.0 https://maven.apache.org/xsd/settings-1.2.0.xsd">
<localRepository>/Users/wanli/opt/apache-maven-3.8.1/repository</localRepository>
  <pluginGroups>
  </pluginGroups>
  <proxies>
  </proxies>
  <servers>
  </servers>
  <mirrors>
    <mirror>
    <id>nexus-aliyun</id>
    <mirrorOf>central</mirrorOf>
    <name>Nexus aliyun</name>
    <url>http://maven.aliyun.com/nexus/content/groups/public</url>
  </mirror>
     <mirror>
      <id>central-repository</id>
      <mirrorOf>*</mirrorOf>
      <name>Central Repository</name>
      <url>http://central.maven.org/maven2/</url>
    </mirror>
```

图 4-3　XML 示例

```
{
  "name": "si-client",
  "version": "1.0.0",
  "description": "Site Inspection Client Project",
  "author": "wanli <kamong@qq.com>",
  "private": true,
  ▷ 调试
  "scripts": {
    "dev": "webpack-dev-server --inline --progress --config build/webpack.dev.conf.js",
    "start": "npm run dev",
    "unit": "jest --config test/unit/jest.conf.js --coverage",
    "e2e": "node test/e2e/runner.js",
    "test": "npm run unit && npm run e2e",
    "lint": "eslint --ext .js,.vue src test/unit test/e2e/specs",
    "build": "node build/build.js"
  },
  "dependencies": {
    "axios": "0.18.0",
    "babel-polyfill": "^6.26.0",
    "echarts": "^5.0.2",
    "element-ui": "^2.15.0",
    "install": "^0.13.0",
    "lockr": "^0.8.5",
    "moment": "^2.29.1",
```

图 4-4　JSON 示例

从图 4-2、图 4-3 和图 4-4 可以看出，三种典型的展示形式有相近的地方，HTML 和 XML 比较类似，以尖括号为分隔符，JSON 则以大括号等为分隔符。这种演进其实是为了满足或适应传输效率或表达效率。

如果对这部分内容比较感兴趣，可以了解一下编码和解码的概念，以及各种编码格式等，会在渗透或者挖掘漏洞时起到很大作用。

（二）Web 访问概览

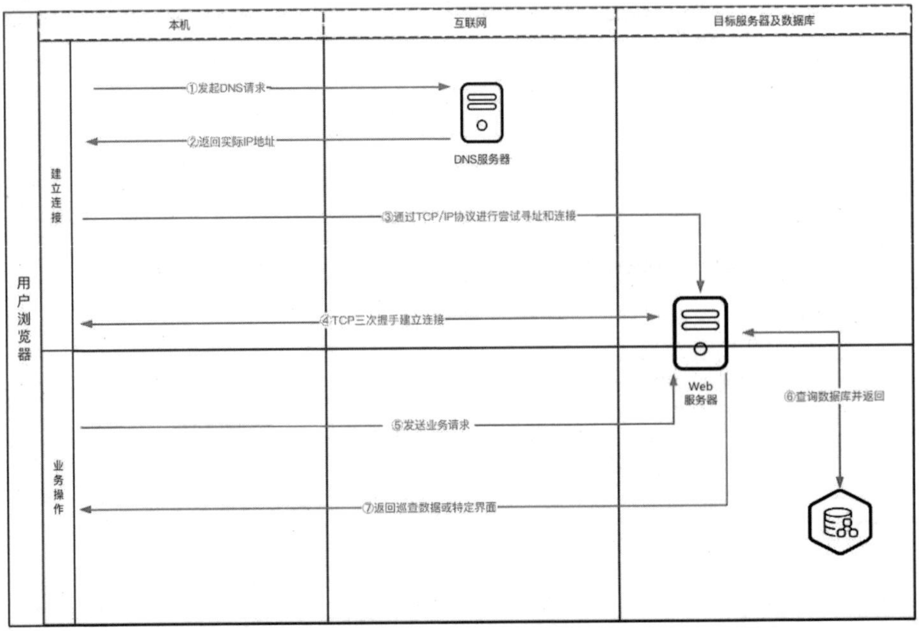

图 4-5　Web 请求流程图

图 4-5 简要说明了一次网络请求的过程步骤。由图 4-5 可以看出，一次简单的请求，具体是要分成多个步骤分开执行的。也正是因为看似简单的一个网页访问，背后其实是比较复杂的协议和技术的组合叠加，才会造成在各个衔接的地方存在风险。

（1）在浏览器中输入一个网址后，浏览器作为代理，并不会直接去访问网站所在的目标服务器。之前提到过，网络世界的核心协议是 TCP/IP 协议，在寻址上是通过 IP 协议完成的，我们都知道 IPv4 是形如 192.168.122.23 这样的 32 位地址，而我们输入的域名是形如 www.baidu.com 这样的有意义的字符。所以，在域名（www.baidu.com）和 IP 地址（192.168.122.23）之间是存在一个映射转换步骤的，这个就是 DNS(Domain Name Server)，这一步的工作是浏览器帮我们完成的。

（2）当从域名转换到 IP 地址完成之后，浏览器会进行下一步操作，就是对获取到的 IP、提供服务的服务器和端口进行访问。一个 IP 可能对应一台物理服务器，也有可能是一个通过网关暴露出来的局域网络。作为访问者，不需要去关心这个细节，因为服务提供者会将背后的网络和技术细节进行隐藏，这不仅为了保证安全，也会让我们的访问更加简单直接，不需要再考虑额外的因素。每台计算机有 65535 个端口，除了一些特殊用途已经被声明占用的之外，服务提供者是可以自由选择的。服务提供者选择一个端口之后，就可以监听这个端口上的流量，来与外部进行数据或服务上的连接。所以，不谈端口重用的话，理论上讲，一台服务器最多可以运行 65535 个应用程序。

通过 IP 和端口，与目标服务器通过三次握手建立连接后，就可以发起数据请求。

以上这些步骤中，如果出现问题，一般会给出 400 以上的错误号，比如 404 Not Found，401 Unauthorized。这些错误都不是被请求的服务端的问题，大部分都是链路或者请求者的问题造成的。

（3）以上的工作都还没有涉及到用户个人的业务请求，都是为进行请求而做的一些准备性工作。在连接通路建立之后，通过 HTTP 进行请求数据传输，然后服务器会根据请求的业务进行内部处理。这些内部业务处理，可以涉及鉴权、解码、数据库读写操作，甚至跨站点访问其他服务等情况。

在业务处理完成之后，一般会以 HTML、XML、JSON 或其他商定好的协议或格式返回数据供客户端进行处理或展示。

如果在这个过程中发生错误，那么一般会是 500 以上的错误，比如 500 Internal Error，就是内部错误的统称。

通过以上内容的了解，可以发现整个 Web 请求的过程并非一个原子性的过程，而是有多个实体参与的多阶段过程。因此，也就大大增加了引入风险的可能。接下来简述几个方面：

（1）对于用户来说

首先，就是在域名映射到 IP 的过程中。现在主流操作系统中，比如 Windows

或 Linux，都有一个配置文件来记录一些固定的域名和 IP 的映射关系，例如 Windows 系统是在 C:\Windows\System32\drivers\etc 路径下的 hosts 文件，在该文件内，以 IP+空格+域名的格式，可以自定义域名与 IP 的映射；此外，还可以对子节点的 DNS 服务器进行攻击，进行 DNS 劫持。这些，都会造成域名指向错误的 IP，进而访问到攻击者预先布置好的陷阱中。

再则，就是能够连接到正确的服务地址，但是该服务或者服务寄宿的环境已经被攻击者攻陷，典型的就是 XSS 攻击或者水坑攻击。这类攻击是将目标服务攻陷之后作为陷阱来诱骗访问者。

（2）对于服务提供者来说

DNS 劫持虽然不是针对服务提供者展开的攻击，但是会实质性地影响到服务提供者的能力和信誉。

之后就是对服务提供者直接开展的攻击。攻击者是通过模仿或者伪造正常的用户或者请求，对服务提供者进行欺骗或者暴力破解。常见的有 cookie 利用、DDoS 攻击、SQL 注入、上传漏洞等。这些攻击的目标也不一样，比如 cookie 利用和 SQL 注入等主要是用来获取数据，DDoS 攻击则是为了瘫痪服务，而上传漏洞等主要是为了获取服务提供方所在服务器的控制权限。

以上，从宏观上了解了 Web 请求的原理，知道有哪些点位会引入风险、可能引入什么样的风险，后续就可以有的放矢地进行加固或者问题排查。

（三）HTTP 协议简介

HTTP 协议（Hyper Text Transfer Protocal）是一个应用层协议，是由 Tim Lee 在 1989 年发起，HTTP 的标准由 W3C 协会和 IETF 进行起草和维护，最终在 1996 年发布了著名的 RFC 2616 号协议，也就是现在依然广泛使用的 HTTP 1.1 版本，可以说，HTTP 是万维网的基石。

HTTP 遵循“请求—应答”的基本模式，每一次请求都是独立的，也就是建立的连接只服务于当前这次的请求—应答，之后连接就会关闭，这也可以称为无状态性。这种无状态性可以降低 HTTP 在实际应用中的复杂性，但也降低了性能，尤其是一些需要频繁与服务器进行信息确认的业务场景。一次 HTTP 访问包括请求和响应两部分，下面展开来介绍一下这两部分：

1.HTTP 请求

HTTP 请求是在连接建立之后，客服端向服务端发起的文件或数据请求，主要包括三个部分：请求行、消息报头和请求正文（如图 4-6 所示），分别具有不同的参数和功能。

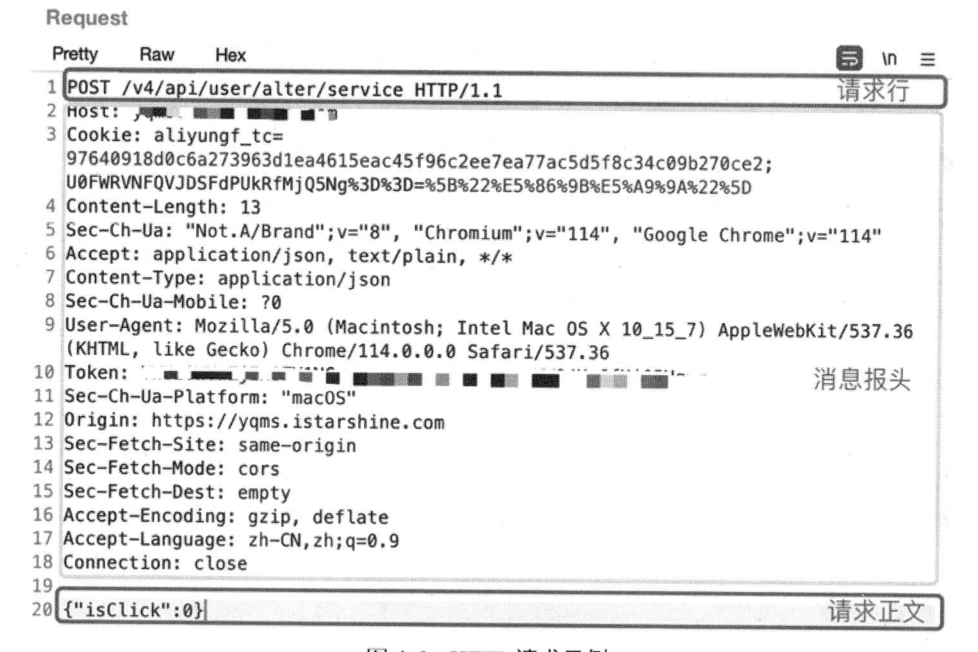

图 4-6　HTTP 请求示例

（1）请求行

在请求头中，请求行、消息报头、请求正文中的每一个配置项都是以换行符作为分割的，也就是 CRLF。请求行的格式如下：

Method Request-URI HTTP-Version CRLF

其中，Method 是请求方法，Request-URI 是统一资源标识符，可以理解为要请求的资源或者方法的标识符。HTTP-Version 表示请求使用的 HTTP 的版本，目前主要有 HTTP 1.0、HTTP 1.1、HTTP 2.0 等，主流是 HTTP 1.1。CRLF

是 Carriage-Return Line-Feed 的缩写，是回车换行符。

图 4-6 中，请求行是：

POST /v4/api/user/alter/service HTTP/1.1

该请求行表达的内容是：请求的方法是 POST；请求的路径是/v4/api/user/alter/service；HTTP 版本是 HTTP 1.1。

HTTP 的请求方式一共有 8 种，分别如下：

①GET：获取的意思，一般是通过 URI 和附带的参数去请求标识的资源。

②POST：提交的意思，可以向目标资源提交数据，让服务器端进行处理。也可以传递较大量的请求数据。因为 GET 方式是通过 URL 进行数据发送，有 1024 字节的限制，所以如果发送的参数长度超过 1024，就可以使用 POST 方式。

③HEAD：与 GET 方式类似，是向服务器发送获取资源的请求。但是 HEAD 方式不会真正的请求，只是回传具体的请求头信息，可以起到资源确认存在的作用。

④PUT：向资源位置上传最新的内容，可以替换原来的内容。

⑤DELETE：请求服务器删除 URI 标识的内容。

⑥TRACE：用于回显在请求目标资源的路径中执行消息环回测试的返回信息，它回应收到的请求，可以让客户看到请求路由过的服务器。

⑦OPTIONS：用来查询目标资源的通信选项，会返回目标服务器支持的 HTTP 策略。

⑧CONNECT：这个方法主要使用在 VPN 中，用来建立一条通信隧道。

在实际的使用当中，使用最多的是 GET 和 POST 两种方式。这两种方式都可以用来查询或者提交数据，但是又有一些具体使用场景上的差异。首先，在传递参数的形式上，GET 方法是在请求的 URL 中将参数以 key=value 的形式，并用&符号进行分割与传递，同时它的 Request Body 是没有内容的。而 POST 则可以通过 URL 和 Request Body 的形式进行参数传递，且 Request Body 没有字符长度的限制。再则，GET 方式可以传递的参数进行 URL 编码，只能接受 ASCII 字符，而 POST 方式则没有这种限制。最后，HTTP GET 与服务器进行交互只需要发送一次 TCP 数据包，也就是 Http Header，但 POST 方式需要先将 Http Header 发送，接收到 100 continue 之后，才会讲 Http data 发送过去，也就是说 GET 方式只需要发送一次数据包，而 POST 是发送两次。

（2）消息报头

请求的消息报头用来向服务端传递客户请求的配置描述信息，通过这个信息，服务端可以采用更合适的策略来响应请求。

下面介绍一下消息报头中重要的配置项：

①Host：该配置项是必须要存在的，用于指定请求资源的网络主机和端口号，如果是默认端口 80，可以不用指明端口号，如果是其他端口，则需要用冒号和端口号来明确标明。这里的网络主机可以用域名来标记，也可以直接使用 IP 来标记。

②Content-Length：用来标记当前请求的整体数据包大小。在服务端处理程序也会根据这个数值来读取内存区的数据。

③Origin：用来标记当前请求的来源，与浏览器的同源策略有关，以 HTTP Method 为 POST 的请求。

④Accept：用来说明客户端可以接受哪些类型的数据，服务端可以根据这些数据格式来编码返回给客户端的数据。

⑤Accept-Encoding：客户端支持的编码格式。

⑥Accept-Language：客户端支持的语言类型。

⑦User-Agent：用户代理信息，用来向服务端说明当前发起请求的代理浏览器的情况，包括使用的操作系统、浏览器版本等信息。服务端可以通过 UA 来做一些统计和判断，比如用户的类型，或者通过判断 UA 来决定是否提供服务。

（3）请求正文

在请求头下接一个空行即是请求正文，请求正文是客户端要传输给服务端的一个处理数据。在 Http Method 为 GET 时，请求正文是空的，因为要传递的参数等数据会在请求 URL 中体现，只有当 Http Method 为 POST 时，请求正文才会携带内容。这些内容是编码时，服务端与客户端事先约定好的，可以是明文参数，也可以是加密后的数据。如果是加密的数据，那么只要双方可以解密即可。

2.HTTP 响应

HTTP 响应的格式（如图 4-7 所示）与 HTTP 请求类似，分为响应行、响应报头和响应正文。

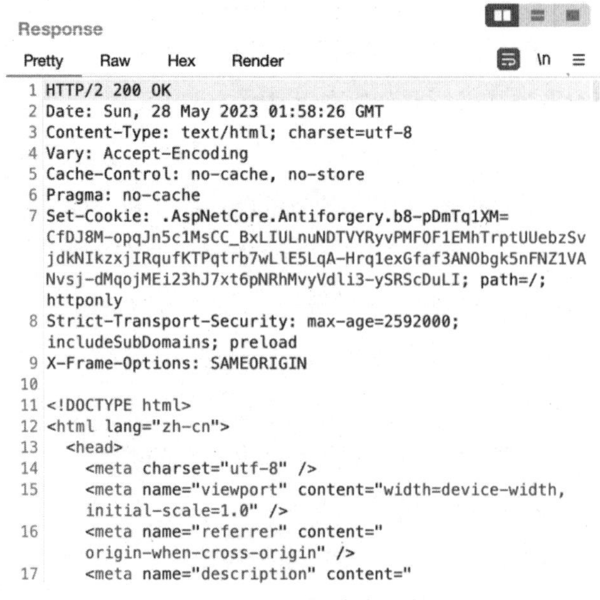

图 4-7　HTTP 响应格式

（1）响应行

响应行的基本格式如下：

HTTP-Version Status-Code Description CRLF

其中，HTTP-Version 表示服务器 HTTP 协议的版本；Status-Code 是一系列数字从 100 到 500，表示请求的结果状态；Descrption 是结果的描述。

这当中比较重要的就是状态码，通过状态码可以详细地了解到当前请求结果的状态，在请求出现异常情况时，可以方便地定位问题。

1XX 表示是提示信息，说明请求已被成功接收，会被继续处理。

2XX 表示成功，说明请求被成功接受、理解并处理。

3XX 表示重定向，表示请求被重定向、会进一步处置。

4XX 表示客户端错误，请求还没有被服务端接收之前发生了错误。

5XX 表示服务端错误，说明请求已经到达服务端，但因服务端内部错误导致请求无法被成功处理。

后面的两位用不同的数字编号来对应具体的服务状态。接下来介绍一下常见的状态码。

①200：OK，表示客户端请求成功。

②203：Temporarily Moved，页面临时重定向。

③301：Permanently Moved，页面永久重定向。

④400：Bad Request，Http 请求在格式上有问题，不能被服务端正确理解。

⑤401：Unauthorized，未授权，表示请求的 URI 需要认证，但是请求未提供相关凭证。

⑥403：Forbidden，服务被拒绝，一般也是权限问题。

⑦404：Not Found，请求的资源不存在。

⑧500：Internal Error，服务端内部错误。

⑨503：Server Unavaliable，表示服务端不可达。

（2）响应消息报头

响应报头是服务端回传的一些控制和说明信息。常用的响应报头有以下几种：

①Server：可选，Server 字段包含服务端用来处理请求的软件信息。

②X-Powered-By：用来标识当前寄宿的 Web 站点使用的语言及版本号。

③Set-Cookie：控制指令，客户端根据要设置的 Cookie 指令生成指令。

④Content-Length：与 Http 请求中的含义一致，用来标志返回内容的长度。

（3）响应正文

响应正文的内容比较丰富，可以是格式化的数据，也可以是页面的源代码。

（四）字符与字符集

在计算机和网络世界中，数据都是以二进制格式进行存储和传输的，那么形如 0101000011100100010001010 这样一串数字，代表的是什么？这就如同解码的密码本一样，不同的密码本会将密文解码成不同的意思。ACSII 编码和 GB2312 编码对于一段二进制数据的解码肯定是不一样的，因为 ASCII 是单字节的，而 GB2312 是双字节的。所以，在解码之前，了解编码使用的字符编码是必要的。接下来展开介绍一下字符与字符集相关的内容。这在日常的日志查看或者 CTF（Capture The Flag，夺旗赛）比赛中，也是常用的知识。

1.字符（Character）

在计算机体系内，字符是表示显示的字形、符号等信息，也有一些特殊符号是不可见的，比如空格等。通俗来讲，可以将各种文字（中文、英文、西班牙文等）和符号统称为字符，比如一个汉字、一个英文字母、一个标点符号、一个 emoji 符号、一个数字等，都是一个字符。

2.字符集（Character Set）

顾名思义，就是指多个字符的集合。不同的字符集包含的字符个数不一样、包含的字符不一样、对字符的编码方式也不一样。例如 GB2312 是中国国家标准的简体中文字符集，GB2312 收录简化汉字（6763 个）及一般符号、序号、数字、拉丁字母、日文假名、希腊字母、俄文字母、汉语拼音符号、汉语注音字母，共 7445 个图形字符。BGK 字符集是在 GB2312 的基础上，使用双字节编码方案，使得收录的字符数达到了 21003 个。而 ASCII 字符集只包含了 128 字符，这个字符集收录的主要字符是英文字母、阿拉伯字母和一些简单的控制字符。

另外，还有其他常用的字符集 GB18030 字符集、Big5 字符集、Unicode 字符集等。

在一个字符集内，一个字符被编码的次序（码位）成为码点（Code Point），也称为内码或者码值。在 ASCII 字符集中，大写字母 A 在 ASCII 字符集中的次序是 65，也就是编码之后的值（码点）是 65，二进制是 01000001。

3.字符编码（Character Encoding）

字符编码是指一种映射规则，根据这个映射规则可以将某个字符映射成其他形式的数据以便在计算机中存储和传输。例如 ASCII 字符编码规定使用单字节中低位的 7 个比特去编码所有的字符，在这个编码规则下，字母 A 的编号是 65（ASCII 码），用单字节表示就是 0×41，因此写入存储设备的时候就是二进制的 01000001。

字符编码是一个字符集组织所有包含字符的规则，ASCII 使用 8 位 bit 来标识一个字符，但是使用的是低 7 位来存储数据，也就是说，虽然 ASCII 每一个字符要占用 8bit 的空间，但是只有低 7 位是有意义的，编码的时候，只需要对低 7 位写入数据，解码的时候，也只需要对低 7 位进行计算即可。每种字符集都有自己的字符编码规则，常用的字符集编码规则还有 UTF-8 编码、GBK 编码、Big5 编码等。

简而言之，字符集就是把字符放到一起的一个集合。而这个集合的每一个字符都对应一个数字，叫作码点。那么，这样就建立起数字和字符之间的索引关系。那么，某个字符在计算机中怎么表示，具体占用几个字节等问题就需要编码规则来解决了，这就是字符编码，它来解决根据某个规则来将字符映射到相应的码点上面。

所以，在处置一些问题前，需要先搞清楚字符、字符集和字符编码的关系。现在使用比较多的是 Unicode 字符集，Unicode 字符集是为了应对原有字符集不能囊括地球上所有语种包含的字符而设计的，也就是所有存在的字符，都可以在 Unicode 字符集中找到对应的码点。但是 Unicode 只是字符集，而不是字符编码，对应的 UTF-8（8-bit Unicode Transformation Format）、UTF-16 以及 UTF-32 则是 Unicode 字符集的编码规则。这当中，UTF-8 编码是使用最为广泛的。UTF-8 的特点是它是一个变长字符编码规则，变长的意思是 UTF-8 可以用 1~4 个字节来表示一个字符。具体的做法就是，如果在读取一个新字节时，第一位是 0，那么就是一个字节表示一个字符；如果第一位是 1，第二位是 0，则是两个字节表示一个字符，如果第二位是 1 的话，就再看第三位，第三位是 0 的话，表示三个字节表示一个字符，如果第三位是 1，则表示需要用四个字节表示一个字符。这样，UTF-8 最多可以编码 200 多万的字符。

二、Web 前端安全问题

在前文中，笔者在 Web 访问概览中说明过 web 访问请求的过程，当中也列举了一些存在的风险和攻击方法。图 4-8 将处理请求的各个层级服务中可能遇到的安全问题详细地列举了出来。

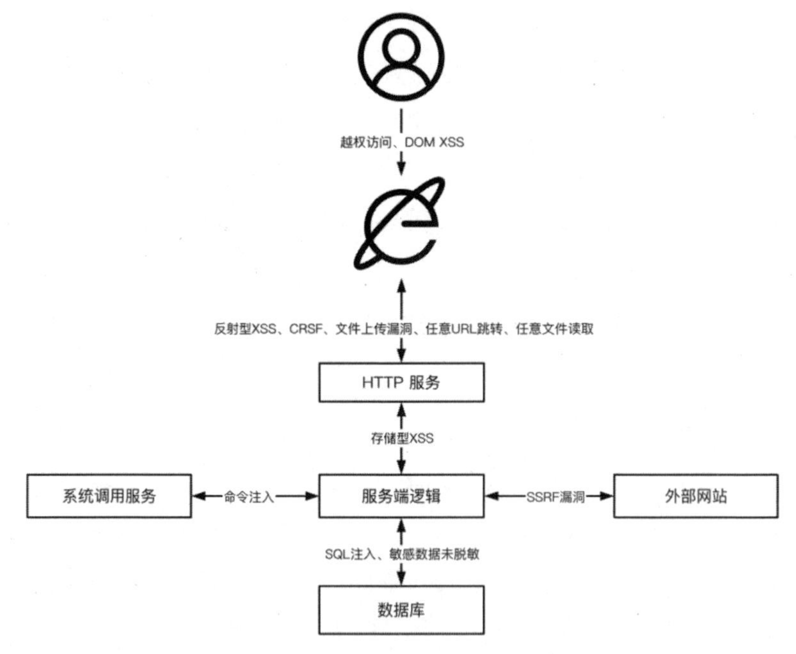

图 4-8　HTTP 请求中存在的风险问题

从图 4-8 中可以看到，在 HTTP 请求的每个环节，都是可能引入安全风险问题的。这其中风险造成的直接问题有大有小，但是稍加利用，都可以造成站点或者主机失陷的重大安全问题。

在展开介绍一些重要的安全问题前，先说明一个浏览器中重要的安全概念，就是同源策略。

设想一下，如果在同一个浏览器中打开的两个页面 A 和 B，假设 A 是购物网站，B 是一个诈骗网站。A 页面中的脚本可以访问 B 页面中的数据，会造成什么样的后果？所以，直觉告诉我们，页面之间应该不能共享数据，否则会有危险。但是，假设你在用购物网站，打开了一个商品页，你觉得该商品不错，添加进了购物车，这个时候需要你先进行登录，然后打开另外的页面，此时的页面，如果不能更新之前页面的信息，那么还是未登录的状态，这就会给用户正常使用造成很大影响。所以，最好的方式是同一个站点可以共享数据，不同的站点不能共享数据。这就是浏览器同源策略的由来。

那么，什么是同源？按照定义，同源是指 URL 的协议（方案）、主机（域名）、和端口号全部一致，两个资源即是同源，即 Origin 相同。

不过，在浏览器中，<script> 、<img>、<iframe>、<link>等带 src 属性的标签都可以跨域加载，而不受浏览器同源策略的限制。这些标签每次加载，实际上都是浏览器发起一次 GET 请求，不同于普通请求（XMLHTTPRequest）的是，通过 src 属性加载的资源，浏览器限制了 JavaScript 的权限，使其不能读写 src 加载返回的内容。既然不能被 JavaScript 读写，那么就不存在跨域的风险。

接下来介绍常见的一些 Web 攻击方式：

（一）XSS 攻击

XSS（Cross-Site Scripting），跨站脚本攻击漏洞。很多地方提到，XSS 攻击的重点不在跨站，而是脚本执行。我们都知道一个页面在渲染时，是通过浏览动态组织 HTML、CSS 和 JS 代码来完成的。这当中，JS 负责浏览器端的一些动态操作，比如在浏览器端计算之后才可以显示的页面部分。就比如我们看到的页面不是服务端画好的，只让浏览器端负责展示，而是浏览器端也参与了页面的组织生成。这就给在浏览器端控制页面内容创造了条件，这也是 XSS 存在的根本原因。XSS 漏洞的本质就是浏览器执行了攻击者上传的恶意 javascript

脚本，根据脚本的不同，可以分为反射型 XSS、存储型 XSS 和 DOM 型 XSS。

1.反射型 XSS

反射型 XSS 是一次性的，需要攻击者事先发现有问题的 URL，然后通过构造带有特定参数（包含攻击脚本）的 URL，让用户去点击，达到攻击目的。反射型 XSS 是通过在用户端提交恶意脚本、服务端正常处理之后返回给客户端，然后将恶意脚本执行。这个过程如同往墙壁上扔一个球，然后球被反弹回来，一般用来获取用户的 Cookie 信息。图 4-9 展示了反射型 XSS 的攻击流程。

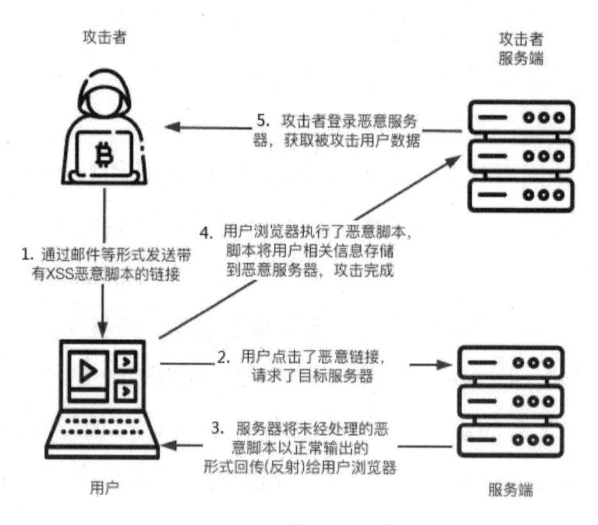

图 4-9　反射型 XSS 攻击流程

2.存储型 XSS

存储型 XSS，顾名思义，是会被存储在服务端的 XSS。既然被存储了，那么这种攻击方式就不是一次性的，而是在被处理之前都是长期有效的。存储型 XSS 一般是通过输入控件来上传文本内容。因没有对内容做过滤，导致将恶意脚本代码上传，并被写入数据库。这样在展示特定页面时，存储在数据库中的恶意脚本被取出，用来组织生成页面，恶意脚本就被嵌入到了页面中（如图 4-10 所示）。一个比较常见的场景就是用户发表评论或留言，将恶意脚本嵌入进去，服务端会将其当作正常的内容存储下来，当其他用户来查看评论或者留言时，恶意脚本就会被触发，达到攻击目的。

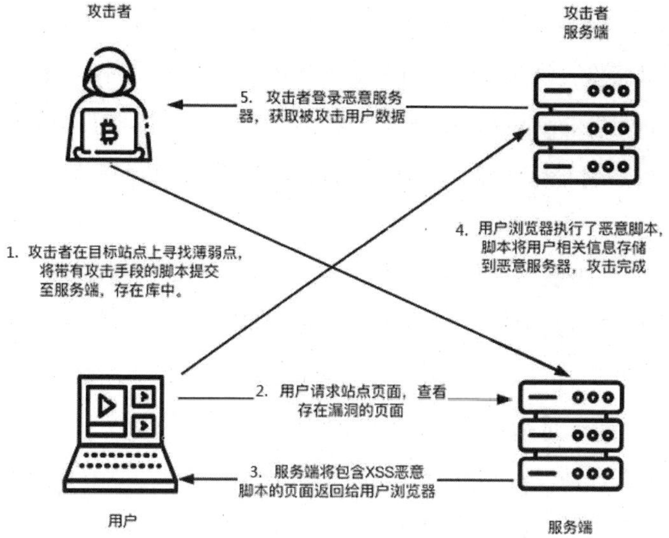

攻击者
攻击者
服务端
5. 攻击者登录恶意服务器，获取被攻击用户数据
4. 用户浏览器执行了恶意脚本，脚本将用户相关信息存储到恶意服务器，攻击完成
1. 攻击者在目标站点上寻找薄弱点，将带有攻击手段的脚本提交至服务端，存在库中。
2. 用户请求站点页面，查看存在漏洞的页面
3. 服务端将包含XSS恶意脚本的页面返回给用户浏览器
用户
服务端

图 4-10　存储型 XSS 攻击流程

3.DOM 型 XSS

HTML 以 DOM 形式来组织整个页面，DOM 也是 Javascript 操作页面元素的载体。DOM 就是一棵倒置的树，从最底层的 html 开始组织，一直到所有的页面元素，如图 4-11 所示。

Document
Root element: <html>
Element: <head>
Element: <body>
Element: <title>
Attribute: "href"
Element: <a>
Element: <h1>
Text: "My title"
Text: "My link"
Text: "My header"

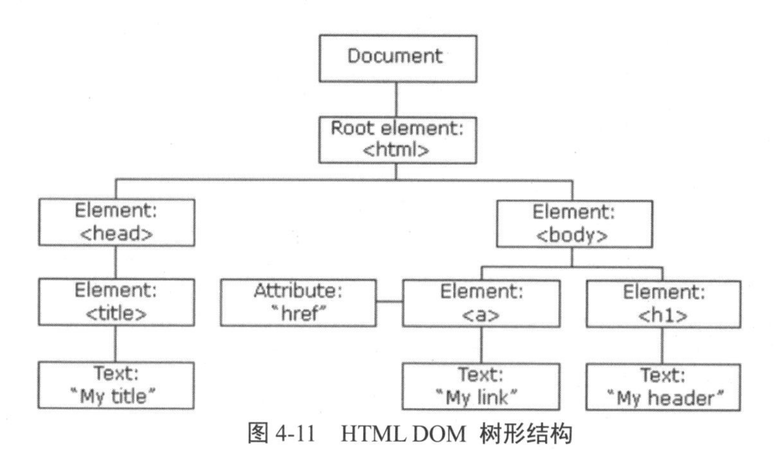

图 4-11　HTML DOM 树形结构

DOM 型 XSS 是完全不通过服务端的，它是在 javascript 脚本控制 DOM 组织页面的时候介入的，也就是说，通过巧妙地设置一些输入的参数，影响脚本代码对 DOM 的控制。比如，某页面有输入内容并提交的组件，在输入内容时，构造诸如 onclick="alert('xss')">的输入，因为最后的“>”是 HTML 控件的关闭符号，之后的内容会被作为展示而不是页面生成，所以就可以绕过后续的操作，而执行警告操作。

那么，XSS 攻击应该如何防御呢？可以看到，不论何种类型的 XSS，都是由于参数或者用户输入内容导致引入恶意脚本导致的。那么立马就能想到，只要阻止输入恶意脚本就可以规避 XSS，或者说，用户输入的哪怕是脚本，只要保证脚本只是展示，而不被执行也可以达到保护的目的。

Javascript 脚本是以<script></script>作为特征的，且特征十分明显。一方面，可以禁止脚本的输入。这种一刀切的方式有时候会面临合理场景被禁用的情况，比如一个编程网站，用户输入脚本就是一个合理的诉求。所以，比较好的方式是将用户输入的内容进行检查，如果遇到脚本之类的输入，则进行转义，将脚本语言的特定语义转义为普通的内容输出。通过对输入内容或参数进行 HTML 编码，比如 PHP 的 hemlspecialchars()方法，可以将输入内容转义为无语法意义的一般内容。当然，其他语言，如 Python、Java、C#等提供了类似方法。

此外，还可以在设置 Cookie 时，在服务端返回 Cookie 时设置 HTTP only 属性，这样客户端 JS 脚本就不能获取到本地的 Cookie 信息，这样也就破坏了大部分 XSS 攻击的目标。

（二）CSRF 攻击

CSRF 也称为跨站请求伪造。跨站就是跨越不同的网站，请求伪造就是恶意网站伪造请求去正常网站获取内容或进行违法操作。理解了这两层意思，CSRF 的攻击过程基本上就比较清楚了。接下来我们通过一些例子来阐述一下这个过程。

用户访问了正常网站 A，在 A 站点进行登录操作。正常登录之后，A 站点会在浏览器设置好登录后的 Cookie，用来标记用户的登录状态。重点来了，此时，用户在不关闭 A 站点页面的前提下，在同一浏览器内继续点击访问了恶意网站 B，网站 B 在返回页面中携带攻击代码，攻击代码会利用 A 站点的 Cookie 信息，来伪造请求去访问 A 站点。此时，A 站点是无法判断该请求是用户发起的还是恶意网站 B 发起的，会把请求的发起者当作用户的正常请求进行处理。这中间，跨站就是横跨正常站点 A 和恶意站点 B，请求伪造就是 B 站点攻击代码冒用 A 站点的 Cookie 信息进行伪造请求。

跨站请求伪造攻击是需要条件和技巧的。首先，需要在用户登录后 Cookie 不过期、浏览器不关闭情况下访问恶意网站；其次，需要攻击者对用户正常访问的站点接口有全面的了解，才可以伪造接口请求；最后，就是正常网站的用户身份确认系统做得比较差，不存在基本的验证措施。

本质上，CSRF 跟爬虫的原理有些类似，就是通过重复用户登录凭证信息来模拟用户操作。了解了 CSRF 的原理，那么如何防范就比较容易了解了。

1.Referer 校验

Referer 是 HTTP 请求报头中的一个字段，用来告诉服务端当前发起访问的页面或请求是从哪里链接过来的，如果是 CRSF，这个字段相当于将恶意站点的域名信息给附带上了。这样就通过 Referer 字段，根据白名单，过滤掉不应当提供服务的情况。

2.验证码

在进行敏感操作时，需要进行二次验证，比如设置验证码、手机验证码登录，甚至进行人脸识别等。这样就可以很好规避敏感操作错配带来的风险。

3.Token

通过在请求的返回结果中携带 token，而 token 可以是一次性的，每次成功请求之后的 token 只为下一次请求提供身份鉴别功能，且 token 只在程序执行的上下文而不存储在浏览器 Cookie 或者 LocalStorage 中。

4.API 接口的参数

CRSF 的根本原因是请求的 API 被解读，可以通过一些技术手段，定期变化 API 接口的参数，只要无法构造一个符合 API 接口要求的请求，CRSF 就不会成功。

（三）SQL 注入攻击

SQL 注入攻击是指攻击者通过技术手段把一些非业务需要的 SQL 命令拼接到 We 表单或者查询参数当中，使恶意的 SQL 命令来代替原有的业务查询，从而欺骗服务端处理程序或绕过一些过滤流程，达到非法获取数据的目的。

SQL 注入的危害是非常严重的，因为 SQL 注入是为数不多的从前端应用可以直达核心数据库的攻击手段，可以违规查询价值数据或者管理员权限，也可以产生数据库被“脱库”等严重后果，甚至通过一些后续操作，可以获得数据库所在服务器的控制权限，导致全面失陷。

现在网站一般都是三层分离的，也就是会将项目分为前端业务层、后端业务层和数据库层。前端会接收用户的输入，之后将输入参数回传给后端业务层。后端业务层会根据参数的具体情况进行查询语句的拼接，之后会提交到数据库进行查询。再将查询结果返回给前端进行展示。一次标准的查询流程如图 4-12 所示。

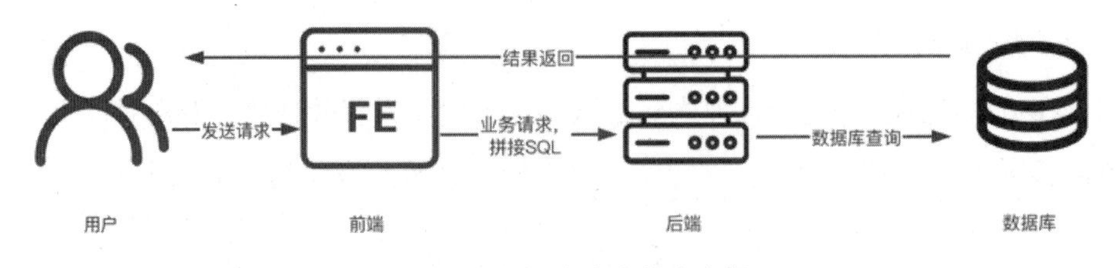

图 4-12　数据库查询基本流程

通过上面的流程，可以清楚了解到一个请求是如何从前端到后端转换成数据库查询的。SQL 是结构化查询语言，用于对结构化数据库的查询。SQL 具有清晰的语法规则，可以方便地根据业务要求自由拼接组织，在有极大自由度和便利性的同时，也引入了刻意绕过规则的一些恶意操作。比如，有一张记录用户信息的表格，如表 4-1 所示。

表 4-1　数据表示意

ID	Name	Role	Password
1	admin	1	123456
2	zhangsan	2	222111

如果用户 admin 此时登录，下面是可以满足要求的一种查询方式：

SELECT * FROM users WHERE name = '$$' AND pwd = '$$';

上面的查询语句中，$$代表可以替换的字符串，使用 admin 用户登录，这里应该是 admin 和密码 123456，替换后的查询语句如下：

SELECT * FROM users WHERE name='admin' AND pwd='123456';

查询语句的执行结果如下：

```
1   SELECT * FROM users WHERE name='admin' AND pwd='123456';
```

id	name	role	pwd
1	admin	1	123456

我们知道，SQL 语法中，单引号是字符串开始和结束的分割符号。在正向逻辑下，只有我们输入正确的用户名和密码，才能返回查询数据，但是，我们通过 SQL 语法的规则，在我们不知道密码的情况下，是否可以查询到信息呢？下面来实验一下，如图 4-13 所示。

```
1   SELECT * FROM users WHERE name='admin' AND pwd='1234' OR 1 = 1 -- ';
```

信息 Sumr

id	name	role	pwd
1	admin	1	123456
2	zhangsan	2	222111

图 4-13 修改 SELECT 查询语句

对于查询语句的第一个需要填充参数的位置，还是使用用户 admin，在 pwd 这个参数的填充位置，实际上填充了背景颜色的参数内容：

1234‘ OR 1 =1-- ’

在 SQL 中，--符号的意思是注释，也就是后面的 SQL 代码不会被执行。上述按照 SQL 的语法要求，利用一些技巧，成功地改变了原来 SQL 想要达到的目的。现在 SQL 的含义已经变选择 name 是 admin 并且密码是 1234 或者 1=1，1=1 是恒为真的，并且用 OR 关键字与前面的条件连接，其实起到的作用就是查询 users 表中的所有数据，因为 WHERE 之后是恒真的。

如果登录验证的逻辑中，只是验证查询返回非 0 条数据，而不是验证是否仅为 1 条命中数据，这里就会导致错误授权和非法登录。同时，如果业务逻辑中判断大于一条数据是错误，但是又没有很好的处理错误信息，也会导致漏洞出现，甚至有些程序以方便调试的名义会直接将数据库错误返回，导致数据库数据外泄。

上述例子只是简单展示了一些 SQL 注入的原理，实际的攻击要比展示的要复杂很多，可以借助的工具也很多。攻击方式还可以分为字符型注入、数字型注入以及其他注入方式。但是万变不离其宗，都是围绕字符串拼接以及一些数据库内置的函数来完成注入功能，感兴趣可以深入理解这块内容。SQL 注入可以说简单易上手，但是它的危害很大，轻则泄露部分数据，重则会导致数据库“脱库”甚至宿主机失陷。那么，有哪些手段可以辅助我们规避或者避免 SQL

注入攻击？

用来防御 SQL 注入最重要的两个方式分别是预编译和参数检查：

预编译是指在 SQL 被执行时，会对 SQL 语句进行语法树分析，生成执行计划。也就是说，通过预编译，已经将一些 SQL 查询的整体动作固化成型了，后续的操作就是往里面添加参数完成执行而已。比如在参数中，使用分号之后继续添加一些 SQL 命令，这些命令是不会再执行的，因为 SQL 的执行计划已经形成了，不会再将新的命令生成执行计划，那么后面追加的恶意 SQL 就不会被执行。但是，预编译只对 SQL 的查询关键字起到作用，如果是参数，是无法应对的，就比如前文举例的追加 OR 1=1 这样的参数。这就需要参数检查方式了。

参数检查就是将所有的 SQL 参数进行核验，比如进行关键字白名单、参数类型限制等方式，总之，就是在出现参数的地方，验证拼接的字符串是否符合要求。还是上文的例子，在需要填充密码的地方，填充了 1234’ OR 1=1 --，这是很容易辨别出来的，可以用白名单形式，不允许出现--这样的注释符号。同时，参数的验证可以前端与后端都进行。

（四）文件上传漏洞

文件上传攻击是针对有文件上传功能的页面和站点展开攻击的手段，文件上传本身并没有任何问题，有问题的是在文件被上传之后，后端服务和 Web 服务器如何解析和处理上传文件。

正常情况下，站点的文件上传功能是上传文档、图片、压缩包或者 PDF 等只读类文件。当用户点击上传按钮之后，前端会弹出选择窗口，会对文件类型进行一定的限制，比如上传文件的类型、大小等。但是，前端的限制是很容易绕过去的，因为前段的 JS 代码可以在浏览器中查看并编辑，所以后端的限制就显得尤为重要了。同样的，后端也可以通过白名单的形式，限制上传的文件的类型、后缀、大小等，然后对文件夹进行重命名存储在指定目录。关键的，如果后端代码对上传文件没有进行校验或者校验逻辑有遗漏的地方，就存在被上传恶意文件的可能。这些恶意文件包括病毒、木马以及 webshell。很多 webshell 里面仅仅只有一行代码，也称为一句话木马，但是这些木马可以让攻击者直接查看文件目录甚至登录到宿主服务器。

webshell 就是以 asp、php、jsp 或者 cgi 等网页文件形式存在的一种代码执行环境，也可以将其称为一种网页后门。攻击者在入侵了一个网站后，通常会将 asp 或 php 后门文件与网站服务器 Web 目录下正常的网页文件混在一起，然后就可以使用浏览器来访问 asp 或者 php 后门，得到一个命令执行环境，以达到控制网站服务器的目的。

通俗来讲，webshell 是黑客经常使用的一种恶意脚本，其目的是获得对服务器的执行操作权限，比如执行系统命令、窃取用户数据、删除 Web 页面、修改主页等，其危害不言而喻。黑客通常利用常见的漏洞，如 SQL 注入、远程文件（包含 RFI、FTP），甚至使用跨站点脚本攻击（XSS）等方式作为社会工程攻击的一部分，最终达到控制网站服务器的目的。

这些 webshell 为了绕过检查和过滤，可以很复杂。但是其实最简单的 webshell 也可以达到目的，可以多简单呢？比如下面的一个 asp webshell：

```
<%eval request("cmd")%>
```

这行代码可以执行从 http request 中传递过来的 cmd 命令，eval 就是执行的意思。那么只需要将带有这行代码的 asp 文件上传到目的服务器，就可以向该 asp 发送控制指令了。

那么，如何对文件上传漏洞进行防护呢？虽然可以通过前端 JS 脚本进行控制，但是上文也说到，JS 脚本是可以在浏览器中查看和编辑的，通过简单的手段即可绕过前端限制。所以，对于文件上传漏洞的防护，应将注意力放在后端服务上。

（1）对于后缀，使用白名单机制。白名单相对于黑名单，可以有更加严格的控制。比如通过黑名单禁止上传以.php结尾的文件，但是像.php5、.pht、.phtml、.phps 等依旧可以被 Web 服务器解析。但是如果通过白名单，只需要将可以上传的文件后缀名纳入进来即可，其他文件后缀都会被禁止。

（2）对于上传文件，需要进一步通过魔数来确定文件格式。我们都知道，文件的后缀是可以任意修改的，比如 1.jpg 可以修改为 1.php，但是文件中的实际内容是无法修改的。一般文件的二进制表示的前几位会表示文件的具体格式，这个是给对应的打开软件用来识别文件格式的。如果修改魔数，就会导致文件无法被正确解析，也就失去了上传的意义。

（3）在文件上传目录中禁止执行脚本解析，因为恶意脚本被上传之后，需要所在环境解析执行才可以造成攻击，如果是上传成功但是无法执行，脚本依旧没有破坏力。比如在 Nginx 下，通过在配置文件中添加以下配置，就可以在非代码目录下禁止以.php 和.php5 为后缀的文件执行：

```
location ~* ^ /(static|uploads|upload|images|cache|tmp|css|js)/.*.(php | php5)$ {
        deny all;
}
```

此外，还有一些其他的安全问题，比如本地数据存储数据问题和第三方依赖的安全性问题。很多开发者为了方便，把一些用户的个人信息不经加密直接存到本地或者 cookie 当中，这样是非常不安全的，黑客们可以很容易就拿到用户的信息。因此，所有存放到 cookie 中的信息或者 localStorage 里的信息要进行加密，加密可以自己定义一些加密方法或者找一些加密的插件，或者用 base64 进行多次编码然后再多次解码，这样就相对安全一些。

第三方依赖的安全性问题目前也比较突出。现在很多项目开发都是模块化的，通过引入成熟的或者别人已经实现的功能模块能够加速项目的进度，但是也可能引入未知的安全风险，如果通过手动去排查第三方组件的安全性，这样做也是得不偿失，可以借助一些自动化的工具进行扫描，比如 NSP 和 Snyk 等。

三、前端编码安全原则

（一）登录注册安全

当用户想要访问网站或应用时，通常需要做的第一步就是注册和登录。而实现注册登录功能时如果没有做好安全防范，很可能会造成用户账户密码信息被盗取。因此，在实现登录注册功能时需要注意以下安全要点：

1.注册时账户密码要求

注册时需要限制用户名合法字符和长度，密码需要禁止使用弱口令，密码长度应当大于8位且包含大小写字母，数字及特殊字符。

2.登录失败时提示要求

登录失败时不应返回详细提示用户名不存在或者密码错误等提示，防止猜解用户名。

3.增加验证码机制

单个用户口令失败3次后应有验证码机制出现，验证码每校验过一次应当立即失效防止验证码重用。

4.不在常用地登录时需要增加身份验证

当用户登录成功时，后台应该记录用户的用户名、IP和时间，当尝试登录IP不在历史常登录IP地理位置时，应进行多因素二次验证用户身份，防止用户因密码泄露而被盗取账户。

5.Cookie安全

Cookie中通常会包含用户的登录态标识，因此为了保障Cookie的安全，需要设置HttpOnly属性以防止被XSS漏洞/JavaScript操纵泄漏。此外，实现全站HTTPS后，Cookie应当设置secure属性，使得浏览器仅在安全加密连接时才能传送使用该Cookie。

（二）访问控制

当用户成功到登录网站或应用之后，接下来就可以开始访问相关页面。但是系统中通常包含不同身份的用户，比如有超级管理员、普通管理员、教师和学生等身份，而不同身份的用户可以访问的页面应该是不一样的，因此我们还需要做好访问控制。

无论是 Web 页面还是对外的 HTTP API 接口，在系统设计之初就需要考虑身份验证和权限校验机制。除了官网静态页或新闻页等公开页面之外，当用户访问其他页面时，都需要添加权限校验机制，仅有权限的用户才能访问相应的服务和数据，防止水平越权和垂直越权。

如下面代码所示，给出了使用 Vue 进行权限控制的一个例子，我们可以通过添加全局拦截，在用户进入页面前先对用户身份进行判断，如果该用户有权限，才让用户访问对应页面。

```
router.beforeEach(async (to, from, next) => {
  // 先判断用户是否登录
  checkIfLogin();

  // 若用户登录成功，需要拉取该用户的信息
  getUserInfo();

  // 上面两个步骤完成之后，需要判断用户的权限
  if (userInfo.role === 1 || userInfo.role === 2) {
    next();  // 跳转到用户想要访问的页面
  } else {
    alert('您没有权限访问该页面')
    next('/') // 跳转到默认页面
  }
});
```

（三）输出转义

经过登录以及访问权限的校验，用户就可以访问他们想要访问的页面了。而如 Web 网站的页面通常需要经过浏览器的渲染才能最终显示在用户面前，在这个过程中，可能也会被黑客注入如 XSS 的攻击，因此对于输出到网页上的数据我们也需要进行安全防护，也就是对页面上的数据输出进行转义编码。

使用 htmlEncode 转义特殊字符，比如将">"，"<"，单引号或双引号等特殊字符进行转义，可以避免从 HTML 节点内容、HTML 属性或 JavaScript 注入而产生的 XSS 攻击。下面给出了一个例子，可以实现特殊字符的转义。

```
const htmlEncode = function (handleString) {
  return handleString
    .replace(/&/g, "&amp;")
    .replace(/</g, "&lt;")
    .replace(/>/g, "&gt;")
    .replace(/ /g, " ")
    .replace(/\'/g, "&#39;")
    .replace(/\"/g, "&quot;");
}
```

（四）输入限制

除了输出的转义编码之外，对于一些需要用户提交信息的地方如表单，我们也需要对用户的输入进行校验和过滤，防止攻击者通过利用 XSS 等漏洞向服务器或数据库注入恶意脚本。

1.输入校验

对于不可信的输入来源都需要进行数据校验，从而判断用户的输入是否符合预期的数据类型、长度和数据范围。有效的输入验证一般需要基于以下两点原则：

（1）采用正则表达式。正则表达式应该限制^开头和$结尾，以免部分匹配而被绕过。

（2）采用白名单思想。因为用户的输入集合是无限的，如果仅从黑名单进行过滤，会存在被绕过的可能性。所以应将用户的输入类型、字符集合和长度限制在安全范围之内。

下面给出了常用的一些字段的正则表达式校验防范：

日期：日期格式通常为：2018-12-21，2018-12-21 11:34:22，2017/12/21，2017/12/21 11:33:22，正则表达式参考如下：

```
"(^\d{4}[-/]\d{2}[-/]\d{2}$)|(^\d{4}[-/]\d{2}[-/]\d{2}\s+\d{2}\:\d{2}($|\:\d{2}$))"
```

域名：域名都由英文字母和数字组成，每一个标号不超过 63 个字符，也不区分大小写字母。标号中除连字符(-)外不能使用其他的标点符号，完整域名不超过 255 个字符，正则表达式参考如下：

```
"^(?=^.{3,255}$)[a-zA-Z0-9][-a-zA-Z0-9]{0,62}(\.[a-zA-Z0-9][-a-zA-Z0-9]{0,62})+(.)?$"
```

邮箱地址：Email 地址由"@"号分成邮箱名和网址两部分，其中邮箱名由单词字符、大小写字母、数字及下划线组成，并且可以出现“.”号，正则表达式参考如下：

```
"^[.0-9a-zA-Z_]{1,18}@([0-9a-zA-Z-]{1,13}\.){1,}[a-zA-Z]{1,3}$"
```

用户名：用户名通常允许大小写字母、数字和下划线组成，最小 6 位最大 12 位的长度，正则表达式参考如下：

```
"^[0-9a-zA-Z_]{6,12}$"
```

手机号：国内手机格式为 1 开头的数字，长度为 11 位，正则表达式参考如下：

```
"^1\d{10}$"
```

当然，除了我们自己手动编写正则表达式对用户输入进行验证之外，现在一些常用的 UI 框架如 Element UI，这些框架提供的表单控件，已经具备了自动校验的功能。

2.数据过滤

除了对用户输入的数据进行数据类型等的校验外，对于用户提交的数据，还需要结合业务场景，对可能造成 SQL 注入、XSS 和命令注入中常见的危险字符如<、>、%和&等字符进行过滤。

（五）文件上传安全

文件上传现在也是用户在访问网站或应用时经常进行的一个操作，为了防止用户上传恶意文件，我们在实现文件上传功能时，也需要考虑下面这些原则。

1.身份验证

文件上传前可以增加验证用户身份的步骤。

2.文件校验

根据业务场景需要，必须采用白名单的形式校验文件上传的文件类型，同时还需要验证文件的后缀名，并且限制合适的文件大小。

3.文件存储

文件应保存在 Ceph、对象存储或 NoSQL 等环境，若保存在 Web 容器内可能会产生 webShell 风险被入侵。

此外，如果使用了第三方存储服务如腾讯云 COS 进行文件存储时，需要注意权限配置检查，避免由于使用默认配置而导致的文件可直接遍历泄漏等问题。

（六）数据传输安全

数据在网络的传输过程中，攻击者通过一些手段，可能可以获取到传输中的数据信息。因此，在数据的传输过程中，我们也有必要保证数据传输的安全。

1.采用 POST 方法发送请求

增、删、改操作必须使用 POST 方法提交。

2.采用 HTTPS

所有的页面和 HTTP API 接口都通过 HTTPS 进行，用 HTTPS 代替 HTTP，当用户以 HTTP 访问时，可以设置自动跳转到 HTTPS。

3.加密算法选择

如果在通信过程中涉及使用加密算法，在选择加密算法时，对称加密算法可以使用 AES-128 以上，公钥加密可以使用 RSA-2048 以上，哈希算法采用 SHA-2 以上。

（七）数据保护

在一些业务场景中，我们可能需要将某些信息存储在客户端或 Local Storage 中，因此我们也应该加强对用户数据的保护，防止用户信息或隐私泄露。

1.不在客户端存储敏感信息

不要在客户端或 LocalStorage 上明文保存密码或其他敏感信息。

2.数据脱敏或加密

涉及个人隐私的敏感信息须加密存储并且脱敏后显示给用户。

3.请求校验

用于标记资源的 ID 参数不能是数序数字以防止被遍历，对访问资源 ID 的每个请求做权限校验。

其他方面，还有一些细节性的原则性建议：

（1）关于输入验证，已经在本编码规范中进行了说明。进行输入校验有两种方式，一种是黑名单，就是列出所有非法的输入进行屏蔽；另外一种是白名单，就是列出合法的输入格式，只要不属于这种格式都划为非法格式进行屏蔽。建议尽量使用白名单进行安全测试。

（2）尽量避免动态地生成和执行 code，在 javascript 中尽量避免使用 eval 函数。

（3）Json 对象也是 javascript 的一部分，所以 json 对象里面也有可能包含有有害的代码，所以在使用之前要对 json 进行校验，以保证 json 对象是安全的，校验的方法可以使用正则表达式也可以使用一个 json parser 进行转换，然后再使用。

（4)在引用不可信的内容时尽量使用 iframe 的方式，尽量避免使用 Ajax。

（5）避免不必要地使用 Ajax 技术，Ajax 的作用是提高应用的交互性，所以只需要在交互性比较强的地方才使用 Ajax，其他如只需要展示信息的地方使用传统的方式安全性更高。

（6）尽量使交互的网络传输量最小，Ajax 频繁的交互不但对应用性能有影响，对安全也是很大的隐患，所以要尽可能在最需要的地方使用 Ajax，不要用 Ajax 执行大的局部刷新操作。

（7）使用一些 Ajax 的安全检查工具或者源代码安全测试工具进行安全性检查。

第三节 服务器端安全

服务器是承载后端业务逻辑与数据库的载体，运转着支持业务开展的核心逻辑，也是防护的根本所在。不管 Web 方面的攻击是从什么角度进行，其实都是为了拿到服务器端数据或者控制权限，当下主流项目的结构决定了 Web 端不会有大量有价值的数据存在。

从业务后端的角度看，后端安全可以大体分为两个部分：服务器端业务安全和运维安全。本节主要阐述服务器端业务安全问题，下一个章节会阐述运维安全。

一、服务端安全的 6 个方面

服务端是支撑业务逻辑的重要组成部分，可以说是最为核心的部分。有的业务是以数据形式对外提供服务，比如 SaaS，就只有服务端而没有或者不需要有客户端。服务端接受调用传来的数据，经过预定义的逻辑处理流程，将数据结果返回给调用方。

服务端软件开发安全需求包括六个方面，依次为身份认证、访问控制、数据保护、编码安全、安全日志和部署准备。身份认证部分说明软件在用户识别方面的具体要求。访问控制部分说明软件在授权方面的具体要求，明确软件访问控制应具备的基本要素。数据保护部分说明在数据生命期不同阶段，选择适当的技术措施进行数据安全保护的要求。编码安全强调应严格遵守的编码行为、应予禁止的高隐患编码方式，建立一种安全的软件编码机制。安全日志部分主要从安全监控和安全管理角度考虑，明确软件应记录的内容、禁止记录的内容、记录格式要素以及对日志的保存归档方法。部署准备说明软件上线前的编码梳理要求，清除不必要的调试编码等信息，避免信息泄露等隐患。开发测试环境管理说明开发测试过程中应满足的环境安全要求，保障软件代码、测试数据等的安全。

（一）身份认证

身份认证是计算机网络系统的用户在进入系统或访问不同保护级别的系统资源时，确定该用户的身份是否真实、合法和唯一的过程。身份认证包含用户注册、用户管理、用户认证三个方面。

1.用户注册

服务端逻辑需要对用户注册信息的真实性进行验证，根据需求可以适当选取一种或者多种辅助验证方式，例如：静态口令验证、动态口令验证、短信验证、图片验证、邮件验证、生物特征验证等；对用户口令的长度及复杂度提出要求，并需要防范 SQL 注入、恶意用户注册、恶意批量注册等攻击行为。

2.用户管理

用户必须按类型和角色分类管理，至少分成系统维护人员、业务操作员以及软件服务对象三类。系统维护人员是指确保软件系统正常运行的维护人员（例如日常维护软件系统的数据备份人员、版本管理人员等）；业务操作员是指利用该软件为客户提供服务的业务人员（如银行柜面操作员、后台业务管理人员等）；软件服务对象是指该软件最终服务的客户（如购物网站使用客户，通过终端设备、自助设备自行操作的客户），用户名是其在软件系统中的身份标识。系统维护人员、业务操作员类别内也要至少分成具有用户管理权限的高级用户和仅仅从事一般业务的普通用户。

3.用户认证

基于用户的访问都必须通过认证，且需在服务器端进行验证。软件设计开发时，应考虑使用企业级用户认证身份管理机制；认证方式包括静态口令、动态口令、数字证书、人脸识别、声纹识别、虹膜识别、指纹识别、物理令牌（例如 EKey）等，对于使用生物特征认证的，需要对认证对象进行活体检测，以防欺诈行为，软件开发者可以根据实际需求选取一个或者多个认证方式。

软件开发者需要考虑对暴力猜解、异常登录、登录绕过等用户行为进行统一管控，根据登录用户风险行为进行二次升级验证、修改密码、提示更换硬件令牌等安全风控。

一些重要应用，比如银行、金融等业务，需要根据接口安全级别，验证数字证书、公/私钥对等多种要素之一或组合，必要时进行双因素身份认证。SDK 应在使用结束后及时清除用户敏感信息，防范攻击者通过读取临时文件、内存数据等方式获得全部或者部分用户信息。

应谨慎考虑是否存在不通过认证直接访问资源的途径，并采取有效技术和管理手段予以控制。

（二）访问控制

所有软件在可研阶段进行风险分析时，都应当详尽分析所有用户在正常和异常情况下访问软件本身及相关数据时可能存在的影响，申明访问控制能够保护的途径，以及软件访问控制本身不能保护而需要其他系统、网络和硬件等层面保护的范围。软件需求说明书中必须明确软件访问控制的安全要求。

访问控制是信息安全的重要保障。软件需要综合考虑安全和用户体验的平衡，保障客户在访问系统全流程中的信息安全。

访问控制主要考虑用户授权和会话控制。

1.用户授权

需求定义阶段应遵循最小授权原则，根据业务逻辑，对用户和数据访问关系进行分析。需求定义阶段应定义用户访问数据授权关系，针对不同类型用户或角色分别建立最小数据访问列表，对用户访问何种数据进行明确定义和控制。

所有权限鉴别过程都需要通过单独的授权模块来实现，且需在服务器端进行验证。

授权时可以根据用户的属性自动赋予权限，也可以由高级用户根据授权规则人工授权。

软件具备对非法用户限制授权机制的权利，没有经过认证的用户不可以分配权限（公开信息网站网页浏览用户除外）。

2.会话控制

服务端应对用户管理、认证和授权数据的会话进行加密保护。

可以利用时间戳等技术措施，建立合理的会话空闲中断提示功能和退出机制。对于会话残留信息，必须及时清理。必须提供会话数量控制措施，保证服务端的高可用性。

服务端应对同一时刻某个用户的多地登录进行限制，如提供抢登录功能，应提示用户已在别处登录，如给出“非本人操作可能密码泄露，请修改密码”等提示。

对关键操作进行再次认证可以减少不安全会话带来的损失。

（三）数据保护

1.重点数据保护

在数据采集方面，禁止前端设备（如手机）和应用采集密码等敏感信息；若为业务需要，则应对登录口令、密码、生物特征等高安全等级信息进行加密处理，包括替换输入框原文、随机键位软键盘、防键盘窃听等无法获取明文的安全防护措施。

在数据传输方面，数据传输前应通过有效技术措施对目的方进行身份鉴别和认证；传输过程中，应采取安全通道、数据加密等安全控制措施；对于高安全等级信息中的支付敏感信息应进行加密或在加密通道中传输，通过开放接口对外提供服务的，宜使用集成在 SDK 中的加密组件进行加密；接收数据时应对接收的信息进行有效性和完整性校验，对重要数据使用数字签名来保证其完整性和不可抵赖性。

在数据存储方面，密码、生物特征或者银行、金融类等高安全等级信息应采用加密等技术措施实现安全存储，并且数据保存期限应符合监管和业务使用要求。禁止在数据流转中间节点存放密码、生物特征等高安全等级信息。

在数据使用方面，密码等高安全等级信息不应明文展示；用户名称、手机号码、证件号码或其他信息等可以直接或组合后确定信息主体的，应进行数据屏蔽展示；提示信息内容应不涉及内部处理逻辑和敏感信息，对确定需要弹出方式显示的内部 LOG 信息，可在测试版本提示，原则上生产版本不能提示内部信息。禁止在用户界面的错误提示中泄露高安全等级信息。数据查询结果在应用方本地不得保存。信息查询和资金调用类接口应防范越权类漏洞风险。

在数据批量使用方面，密码等高安全等级信息不允许导出下载。对于高安全等级数据的批量导出、下载等功能应进行限制，如限制数据下载量、限制下载内容、脱敏关键字段、限制下载文件类型、限制下载路径等措施。通过信息系统功能界面下载批量数据时，应具备申请、审批流程，明确数据实际使用人且由双人完成操作。

2.数据追溯

对于重要数据的展示，应通过数据水印等，具备追溯拷屏、拍照等违规操作记录功能的技术。一旦发生数据泄露，可实现对数据操作的追溯。

3.数据过滤

需要考虑对展示内容的风险识别，过滤垃圾信息并净化内容，如提供对各类涉政、涉恐、涉黄、非法广告等有害文本、图片、视频及音频的甄别功能。

还应考虑实现对输出敏感信息检查的功能，对重要数据进行筛查，对软件所含敏感信息进行提示。

4.加密技术及服务

使用的加密服务应优先采用高于国标的企业级安全加密服务，尽量不重复开发已有的加密算法。企业级安全加密服务包含了一系列对称、非对称、摘要等国密和国际算法，除外联第三方因素限制外，均应使用国密算法进行加密。需要重点加密保护的数据在应用层传输时，应实现点到点的加密数据传输。用于为两点之间信息传输加密或解密的密钥，不应被非可信第三方获悉。

5.密钥管理

数据保护密码服务应采用非对称密钥与对称密钥相结合的密钥管理体系。非对称密钥的管理以数字证书为基础。对称密钥基于非对称密钥协商产生（不支持非对称算法的应用环境除外）。

非对称密钥主要用于对称密钥的管理、数字签名等，一般不用于数据、信息的传输加密。对称密钥一般用于数据、信息的加密或解密。

密钥管理应具有通过配置或动态协商的方式更换密钥的功能。

用于数据、信息传输加密或解密的密钥，必须设定有效期，不应采用固定密钥。密钥应采用强口令标准。

对含有私钥信息的数字证书应存放在加密机、加密 IC 卡或者 USBKey 等硬件设备中，并应有强口令保护。

软件上线运行必须生成新的密钥，严禁使用测试密钥用于生产环境。

（四）安全日志

软件系统应按照本节规范记录安全日志，以便通过安全日志的历史数据和当前事件信息，实现安全事件关联分析，主动监测、及时发现安全故障、风险隐患和入侵行为，提高安全响应速度和应对能力，保障安全运营。

1.安全日志内容

（1）软件状态

当软件运行的服务状态发生变化时应产生一个事件，并将这个发生的事件记录到安全日志中。这些事件包括：

●软件启动；

●软件停止。

（2）软件配置

当软件所处的运行环境发生变化时，应将发生的事件记录到安全日志中，这些事件包括：

●软件配置参数发生改变；

●库文件的路径发生改变。

（3）访问控制信息

当软件产生一个访问控制的事件时，应将事件记录到安全日志中。这些事件包括：

●由于超出尝试次数的限制而引起的拒绝登录；

●成功或失败的登录；

●用户权限的变更；

●用户密码的变更；

●授权用户执行了角色中没有明确授权的功能；

●用户试图执行角色中没有明确授权的功能；

●用户的创建；

●用户的注销；

●用户的冻结；

●用户的解冻。

（4）用户对数据的异常操作

当软件运行时发生用户对数据的异常操作事件，应将事件记录到安全日志中。这些事件至少包括：

●不成功的存取数据尝试；

●数据标志或标识被强制覆盖或修改；

●对只读数据的强制修改；

●来自非授权用户的数据操作；

●特别权限用户的活动。

（5）安全日志对重要数据的保护

当用户对软件内的重要敏感信息进行查询操作时，应将事件记录到安全日志中。

注意，涉及客户基础信息的重要数据，仅能在日志中输出为定位错误最小必需的信息。

2.安全日志禁止记录的内容

并非所有上下文的信息都需要记录下来，因为全部记录反而会增加日志保护的安全压力。下面列举的内容不应该记录在安全日志文件中，包括但不限于密码（包含明文和密文）、密钥、生物特征信息等。

3.安全日志的记录要素

为了有一个统计的日志规范，可以按照以下几点，明确安全日志文件应包含的记录要素：

●事件的日期时间（时间戳）；

●请求的来源（如发起该项操作的源 IP、主机名称、设备标识、设备环境等信息。设备标识一般指传统电脑的 MAC 地址、手机设备 IMEI 码、平板电脑唯一标识号等；设备环境一般指设备操作系统、操作系统版本、浏览器名称、浏览器版本等）；

●用户 ID 或引起这个事件的处理程序 ID；

●事件类型（如登录、退出、超时退出；账号的创建、分配、变更、删除、同步等操作；重要业务的查询、浏览等）；

●事件的内容（操作动作，操作对象，如被查询的客户账号、受影响的用户或角色、被访问的资源名称、被下载的重要文件名称等）；

●操作结果（操作是否成功与失败）。

4.安全日志的保存与归档

（1）日志的保存

软件的安全日志应妥善保存于应用程序目录之外，或存放在数据库表中。

软件不应提供对安全日志内容进行删除、修改和利用个人设备（U盘、移动硬盘等）拷贝的方法，并使用严格的访问权限来控制日志文件，禁止非授权用户将任意数据写入日志文件。

（2）日志的归档

服务端应包含对安全日志进行定期归档和备份的功能，归档周期可配置。

日志记录应采用只读方式归档保存，档案保存年限按照相关要求执行。

如采用文件方式归档，日志文件命名规范如下：

SEC+“_”+应用系统简称+“_”归档日期(YYYYMMDD).evt

对于不是单个文件形式的日志，在对应的记录位置下建立一个符合命名规范的文件夹名称，将这些文件存放在该文件夹中。例如：SEC_CCBS_20070405.evt

（五）编码安全

1.编写安全需求说明书

安全开发的第一步，是编写一个准确完整的软件安全需求说明书，说明书应该覆盖身份认证、访问控制、数据保护、安全日志、编码安全、部署准备和环境管理等内容。

安全需求说明书应该从各种安全策略中选出适合应用需求的安全策略，并描述清楚软件应该如何执行，以便符合企业安全策略的要求。

安全策略确认后，软件开发安全需求分析应细化身份认证等方面的具体安全要求，在设计阶段必须定义好用到的安全技术架构、安全控制和安全功能，对每个安全控制和安全功能的功能、接口、数据的输入与输出进行详细分析。

一个准确完整的软件安全需求说明书，应能在软件的生命周期中尽早地发现应用的安全弱点和漏洞，并用最小代价来预防和消除这些安全弱点和漏洞。

在软件生命周期内，应根据业务需求、设计、开发和部署的变化及时调整更新软件安全需求。

2.设计与编码要求

（1）统一的安全规范

每个软件项目在设计阶段都应明确，在项目实施过程中项目组应遵循的统一规范：具体包括命名规则、API 引用、错误处理、避免使用全局变量等。

针对移动应用终端，应尽量避免组件暴露。

（2）模块划分

按照安全性划分模块，审计和访问控制模块为安全可信模块，其他模块为不可信任模块。只有安全可信模块才可以执行安全控制功能，其他模块不能访问安全可信模块的安全信息或者功能。安全可信模块应与其他模块分离，由经授权的专人进行管理。

只有安全可信模块，才能以高安全等级访问系统的敏感信息，对于其他模块限制其访问敏感信息。系统的敏感信息包括用户认证信息、授权信息、交易密码等。

（3）最小功能性

根据“没有明确允许的就默认禁止”的原则，软件应只包含那些为达到某个目标而确实需要的功能，不应包含只是在将来某个时间可能需要但需求说明书中没有包括的功能。软件在最小功能性建设应遵循以下原则：

●只运行明确定义的功能；

●系统调用只在确实需要的时候；

●一次只执行一个任务；

●只有上一个任务完成后才开始下一个任务；

●只有在确实需要的时候才访问数据；

●针对移动终端应用，仅申请必须使用到的功能权限。

（4）对多任务、多进程加以关注

对软件中使用多任务和多进程的部分，应认真分析研究多任务和多进程不会发生冲突，同步所有的进程和任务以避免冲突。对于结构化编程，每个原子化组件都要保证有一个入口和一个出口。

（5）信息输出最小化

软件必须保持用户界面只提供必需的功能并保证界面信息最小化，避免用户绕过访问控制机制直接访问数据等保护对象。

服务端应避免将未脱敏的重要数据返回客户端或第三方应用，若确需将敏感信息对应用方进行反馈，应脱敏或去标识化处理。

3.保护机密性要求

（1）关注应用的对象重用

对于底层系统的对象可重用性来说，应用需要提供对敏感的数据使用后马上覆盖的能力，这些敏感数据包括口令、安全密钥、会话密钥或者其他高度敏感的数据。

（2）用户身份认证信息的机密性

禁止在程序代码中直接写用户名和口令等用户身份认证信息。

禁止使用身份证号、卡号等识别标识信息作为用户身份认证信息，降低暴力猜解攻击的可能性。

（3）禁止在客户端存储重点保护数据

由于客户端是不可信任的，不要在客户端存放重点保护数据。特别注意在使用 Cookie 时，不要把客户重要信息储存在客户端。

（4）避免内存溢出

软件设计开发中，为防止内存溢出，应注意以下事项：

●在对缓存区填充数据时必须进行边界检查，判断是否超出分配的空间。

●对于数据库查询操作，如果查询返回的结果较多时，须设计为分次提取。

●应保证系统资源及时释放和服务连接的及时关闭。

●软件程序必须检查每次内存分配是否失败。

（5）输入与输出保护

在系统设计开发阶段，必须详细定义可接受的用户输入描述。

检验输入数据串是否与预先定义的格式和语法一致，并完成适当的规范性检查。

必须对输入信息中的特殊字符（如“>”“<”等）进行检查、处理。

应采取措施保护会话，防止会话超时和会话劫持等漏洞。

应采取措施对 HTTP 报文头进行检查，防止浏览器到服务端被恶意修改。

对输入的数据串进行检查，避免在输入中直接注入 SQL 语句。

对 URL 和路径名称必须经过服务器端检验，确定当中没有包含指向恶意代码的内容，防止攻击者利用 URL 的扩展进行重定向，注入等攻击。

必须检查用户输入的内容是否对应有效，而不是其他类型的对象。

必须对每次用户输入的信息长度或文件大小进行检查，判断是否超出范围。

必须规定输入文件的后缀名白名单，防止文件上传恶意绕过。如果服务器是 linux 类的，须将上传文件路径进行-X 操作。

应采取措施对文件内容进行检查，防止恶意代码通过隐写方式输入。

针对人工智能模型，应能防止对抗性样本攻击。

检查输入的内容是否含有不符合《中华人民共和国公共安全行业标准》的信息。

应针对不同类型的输入数据，设置合理的数据采集参数范围，防止攻击者利用软硬件漏洞进行异常数据恢复等方式进行攻击。

所有输入文件应作为临时文件，存放在仅能被目标软件读取的安全临时文件夹中，禁止用户访问该文件夹。

所有输入信息，包括文件调用及数据库数据调用，必须是被验证过的，新输入的数据在被验证之前不能被添加到程序中。

应该在客户端和服务端都进行输入验证。

在涉及敏感数据的界面应禁止录屏、截屏、界面伪造等行为。

在输出保护方面，应该限制返回给客户与业务办理无关的信息，防止把重点保护数据返回给不信任的用户，避免信息外泄。

应有一套输出保护方法。例如：

●检查输出是否含有非必要的信息。

●检查输出是否含有不符合业务管理规定的信息。

●身份证号、卡号、手机号等识别标识信息进行数据屏蔽展示。

●应对输出内容进行验证，避免输出不满足期望的信息。

●其他需要检查的输出信息。

还应有错误信息保护机制，禁止将供软件维护人员使用的系统错误诊断信息提交给软件服务对象。

（六）部署准备

1.清理调试及版本控制信息

上线部署前必须清理代码中的调试信息。不能将带有调试选项的代码部署到生产系统中。还必须清理版本控制信息，以防止攻击者通过版本控制信息获得源代码服务器地址，从而导致源代码被获取等风险。

2.清理 WEB 源代码注释

上线部署前必须清理 html 等 web 程序源代码中出现的与软件设计、Web 服务器环境、文件系统结构相关的所有参考和注释；这些信息包括但不限于：

●目录结构；

●Web 根目录的位置；

●调试信息；

●Cookie 结构；

●开发中涉及到的问题；

●开发者的姓名、email 地址、电话号码等。

3.确保无高危风险漏洞

上线部署前应确保软件安全测试、源代码安全审计无遗留高危漏洞，第三方软件、开源程序漏洞扫描无高危安全风险。

对于合作开发或由软件开发商独立开发的系统，还必须对其提供的系统源码与目标码的一致性、系统日志及其他临时性文件进行安全审核。

4.网络服务管理

服务器必须对提供的服务端口进行控制，关闭不需要的服务和端口。对外尽量通过代理映射、端口伪装等方式，不暴露过多端口信息，或通过禁用 ICMP 协议，防止通过工具获得服务器网络拓扑结构。应在需求分析中明确说明本系统必须开放的网络服务。在实际运行环境中必须严格按照需求中的要求实施、部署。

二、服务端编码安全

在软件编码阶段，主要软件安全问题来源于以下几个方面：软件自身的代码缺陷，用户恶意输入以及不期望的连接。在整个软件系统中主要有以下几个方面带来安全隐患：输入验证与表示、API 误用、安全特征、时间与状态、错误处理、代码质量、封装和环境等安全漏洞。

这些威胁主要是由于开发人员缺乏安全编码的意识和自身对软件安全知识了解不足、对开发语言和开发技术的缺陷了解不足、没有以黑客思维去看待软件而导致的，表现为攻击者可以利用开发技术自身的漏洞恶意输入及异常连接等问题，对应用软件系统进行攻击，发现并利用软件中存在的安全漏洞，例如输入验证与表示（缓冲区溢出，SQL 注入），API 误用，安全特征等问题。最终会导致系统的信息泄露，木马植入，权限提升等安全风险。如图 4-14 所示。

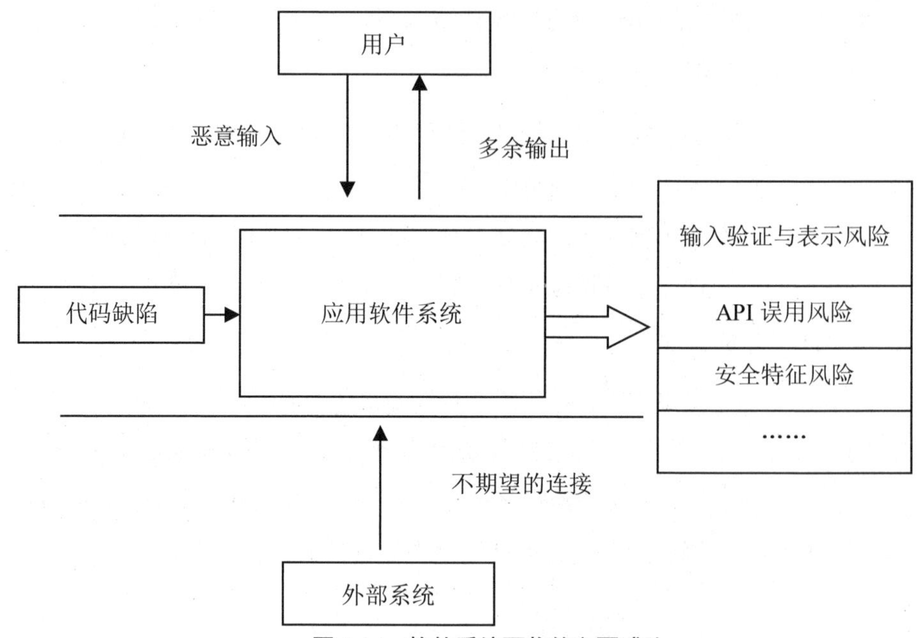

图 4-14　软件系统面临的主要威胁

只关注实现技术是不够的，不同编程语言，框架以及协议代表了不同的安全问题。不是一套单一的指南就能详细到足以说明建设一个安全应用所遇到的全部问题，并足够适用于任何应用程序。笔者期望在一个折中的前提下，在应用范围内，提供足够详细的内容来保证编码实施。文档描述了目前最常见的问题：基于 Web 应用的前后台设计，其开发语言使用 Java、C/C++，数据库使用了 SQL 语言。这种方法意味着不是所有的指导方针都与每个系统相关，在更具体与特殊的情况下，需要进一步的指导。

本节从开发角度出发，给出了软件编程中一些常见问题的注意事项，帮助软件开发人员在软件开发初始阶段就去创建安全的系统。这些安全开发技术的作用如图 4-15 所示：

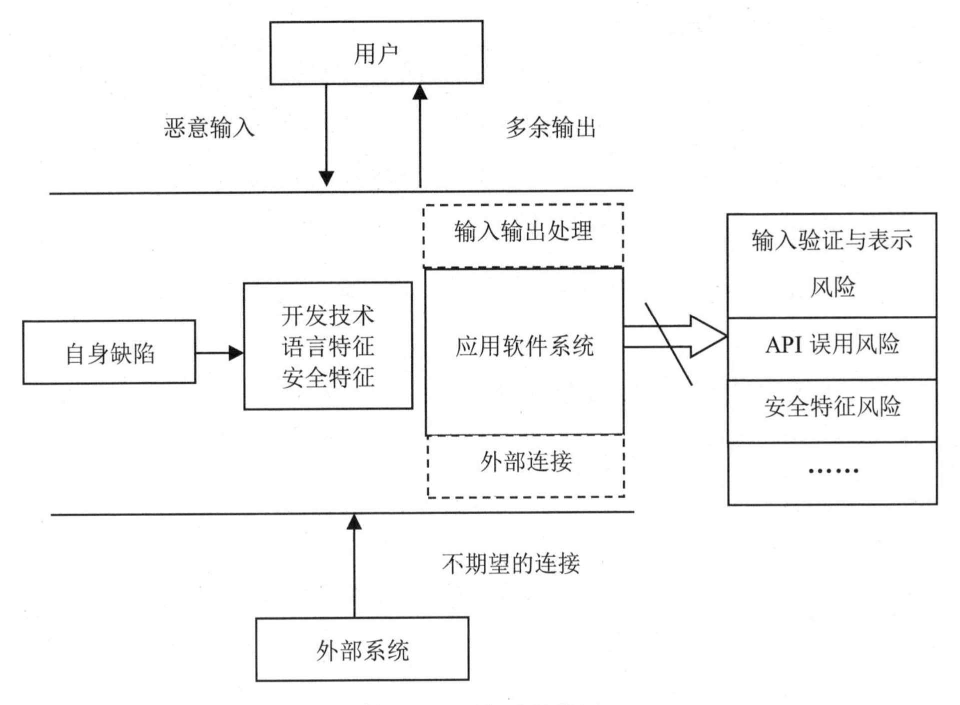

图 4-15　本指南的作用

根据上图可知，本节中提到的几个部分分别从不同的角度增强软件的安全性，例如输入处理部分可以指导开发者避免用户的不良输入；外部连接部分则可以指导开发者对外部系统通过网络，文件以及数据库等的连接进行防护；开发技术、语言特征、安全特征等技术则指导开发者改进软件的自身缺陷，Web 应用程序部分则指导用户在 Web 系统的研发方面增加对系统的保护。

（一）输入输出编码

输入输出未被检查过或者输入输出验证不适当是一些软件安全弱点的根源，这些安全弱点主要包括缓冲区溢出，SQL 注入以及跨站脚本。所以说为确保软件安全，对软件输入输出进行验证是开发人员重要的防御手段。

本小节给出了验证程序输入输出的方法、进行校验的策略以及实现这些策略的方法。这里讨论针对不完备的输入输出验证的通用攻击手段，这样有利于开发者明白哪些代码需要注意。

本小节的首要前提是不要在默认情况下信任任何输入的信息。

本小节针对的主要安全漏洞包括缓冲区溢出、整数溢出、跨站脚本、格式化字符串、缺少 XML 验证、进程控制、资源注入、SQL 注入。

1.将输入进行集中验证

集中验证是指把输入验证作为软件框架的一部分。集中处理输入验证框架带来的好处如下：

（1）所有的输入使用一致的输入验证

如果每个模块各自独立实现自己的输入验证，将会很难建立一个统一的输入验证策略。

（2）有效降低工作量

输入验证比较灵活，分别实现输入验证会导致工作量成倍增加。

（3）对输入验证进行统一的升级和修改

这样如果在输入验证逻辑里发现问题时就可以比较方便的修改。

（4）失败控制

如果一个集中处理输入验证框架收到它不知道如何处理的输入，很容易就拒绝掉该输入，如果没有采取集中输入验证，开发者很容易忘记进行输入验证。

Struts2 验证器（Struts2 Validator）机制就是使用集中处理输入验证的很好的例子。

2.建立可信边界

将可信和不可信数据分别存储，保证输入验证总被执行。

可信边界可以认为是在程序中划定的一条分隔线，一边的数据是不可信的，而另一边则是可信的。当数据要从不可信的一侧到可信一侧的时候，需要使用验证逻辑进行判断。

需要在程序中定义清晰的可信边界。在一些代码中使用的保存可信数据的数据结构，不能被用来在其他代码中存储不可信数据。使数据穿越可信边界的次数降到最低。

当程序混淆了可信和不可信数据的界限时会导致安全边界发生问题，最容易导致这种错误的情况是把可信和不可信数据混合在一个数据结构里。这里举了一个例子：

接受了一个 http 请求并将"usrname"参数放在 HTTP session 里，但是并未检查用户是否被授权。

```
usrname = request.getParameter("usrname");
if (session.getAttribute(ATTR_USR) == null) {
session.setAttribute(ATTR_USR, usrname);
}
```

由于开发者都知道用户是不能直接访问 session 对象的，所以很容易信任来自 session 的所有信息，但是如果在该 session 中混合存储了可信和不可信的数据，就会违反完全可信边界的原则，带来安全隐患。

如果没能很好的建立和维护可信边界，开发者将不可避免地混淆未被验证和已验证的数据，从而导致一些数据在未经验证时就被使用。

如果输入的数据在处理前通过一些用户的交互发生了改变，可信边界就会遇到一定的问题，因为它很可能在所有数据进入之前不能做出完全的输入验证。在这种情况下，维护一个可信的边界就尤为重要，不可信数据应该单独存放在专门存放不可信数据的数据结构内，在经过验证之后才被放在可信区域。

这样看一段代码时，就可以很容易识别数据是在可信边界的哪一侧。

3.检测输入长度

验证的时候应该验证允许输入的最小和最大长度。如果对最大输入长度进行限制，攻击者就很难对系统的其他弱点进行攻击。譬如，对于一个很可能被用来进行跨站脚本攻击的输入域，如果攻击者可以输入任意长度的脚本，那么这显然要比限制输入长度更加危险。而对最短长度的检测可以使攻击者无法忽略强制要求输入的域，同时也无法输入与预期不符的数据。

如 java 之类的“安全”语言不存在 C/C++的缓冲区溢出的风险，但是基于

java的web应用程序经常用于和数据库或其他软件通信，通过JNI调用本地代码库等，而这些特性导致java应用程序成为缓冲区溢出威胁的“传递者”。

对输入长度的检测是输入验证最基本的要求，但是，有效的输入验证并不仅仅检测输入长度，还应该根据被验证程序的上下文条件要求进行更深入的检测。如果程序需要验证一个输入域，验证逻辑对该域的合法值限定得越详细，验证逻辑就能越好地工作。例如，一个输入域是为了保存邮政地址的州（美国的行政区域名称，类似于我国的省）缩写，验证逻辑就可以根据合法的州缩写表单来进行验证，如果它还包含一个电话号码的输入，那么验证逻辑可能也要把电话号码区号与州缩写对应。验证代码和功能代码相对独立是一种很好的编程习惯，如果混淆在一起的话，输入验证很难有理想的环境来进行最有效的检测。

4.检查整数输入的极值

将检测整数输入的最大值和最小值作为验证程序的一部分。

如果程序对一个未知大小的值进行运算，得出的结果可能不符合为其分配的地址。这种情况下，结果会被误识别，产生明显的错误。

这种问题叫作整数溢出，在C/C++中常常是缓冲区溢出攻击的一部分，虽然JAVA不会产生缓冲区溢出，但是在JAVA里的整数溢出仍会造成一定的问题。

例如，以下代码摘自一个电子商务网站，含有典型的整数溢出漏洞

```
String numStr = request.getParameter("numPurchased");
int numPurchased = Integer.parseInt(numStr);
if (numPurchased > 0) {
total = numPurchased * 100; // each item costs $100
}
```

如果numPurchased的值比21474836要大，这样乘法运算numPurchased*100就会发生溢出，total就会变成负数。例如，如果攻击者将numPurchased的值设为42949671，那么total就将变为-196，很可能给攻击者带来$196.00的

账单。

防止整数溢出最好的办法就是给输入确定上下界，使所有的输入都在这个范围。确定这个界限的标准是使以后这些参数的任何运算不会超过这个范围。

Java 中并没有提供无符号整型数据，所以必须要同时检测上下界，然而没有无符号类型在一定程度上是好的。在具有无符号数的语言（如 C/C++）中开发者必须同时考虑无符号和有符号数，因为无符号数向有符号转换可能会出现负的结果。

针对整数数值，Java 提供了不同的大小类型：char (8 bits), int (32 bits), 以及 long (64 bits)。默认情况下，当将一个较大类型的数值赋给较小类型 Java 编译器就会报错，这些错误很容易通过类型转换来避免，对这些转换一定要当心。

5.退回验证失败的数据

拒绝验证失败的数据，不试图对其进行修复。

通过设置默认值来保存一个丢失的输入、处理密码域时自动剪裁掉超过最大长度的输入、替换掉在输入框输入的 JavaScript 字符等行为是很危险的，不要试图修复一个未能通过输入验证的请求，直接拒绝掉才是安全的。

输入验证本身就很复杂，如果和自动错误恢复的代码混合在一起的话，将会造成更大的复杂性，自动错误恢复代码很可能改变请求的含义或者截断验证逻辑。如果我们能够引导用户，使他们提交的请求能够通过输入验证，就能比专注于自动错误恢复代码有效得多。

6.验证 HTTP 请求中的所有组成

验证来自 HTTP 请求中的所有数据，恶意数据可以从表单域，URL 参数，cookie，http 头以及 URL 自身传入。

无论一个 HTTP 请求看起来多么的“正常”，都应该对它进行完整的检查。攻击者可以在你提供给他们的 web 页面里输入任何内容，他们可以完全脱离浏览器和浏览器的一切验证，修改 Cookie、隐藏区域、name 与 value 的对应关系，他们可以为了“错误”的目的在“错误”的时间按“错误”的顺序提交 URL

请求。

7.验证来自命令行、环境变量及配置文件的输入

不要使你的软件的安全性依赖于配置和维护它的人。

对来自命令行、系统属性，环境变量以及配置文件的输入都需要进行校验来保证它们是一致的和健全的。如果攻击者对系统的属性进行修改，可以通过命令行、环境及配置文件来威胁软件系统，这就要求软件开发者不要相信来自命令行、环境及配置文件的输入。

8.控制写入日志的信息

不要允许攻击者能够写任意的数据到日志里。

正确的和长期的记录对于在已部署的软件系统中寻找缺陷和发现安全弱点是很重要的。我们可以手工或者自动地分析日志来查找重要的事件、一段时间内的趋势，它是检测系统和用户行为的宝贵资源。

由于日志的价值，它也成为了攻击者的目标。如果攻击者可以控制写进日志文件的信息，他们就可以在输入中混入伪造的日志条目来伪造系统事件，更严重的是，如果负责进行日志分析的代码存在漏洞，特定的有恶意的输入很可能触发该漏洞，并引发更加严重的危害。

9.对压缩输入流进行校验

从 java.util.zip.ZipInputStream 中解压文件时需要小心谨慎。有两个特别的问题需要避免：首先，解压出的标准化路径文件在解压目标目录之外，攻击者可以通过构造相对路径的方式从 zip 文件中往用户可访问的任何目录写入任意数据。任何被提取条目的目标路径不在程序预期目录之内时，要么拒绝将其提取出来，要么将其提取到一个安全的位置。第二，解压的文件消耗过多的系统资源，由于 Zip 算法有极高的压缩率，即使在解压如 ZIP、GIF、gzip 编码 HTTP 的小文件时，也可能会导致过度的资源消耗，形成 zip 炸弹（zip bomb）。若 Zip 文件中任何被提取条目解压之后的文件大小超过一定的限制时，必须拒绝将其解压。

10.防范命令攻击

不允许攻击者控制发送给文件系统、浏览器、数据库或者其他子系统的命令。

所有类似脚本语言以及标记语言之类的强调易用性与交互性的技术都有一个共性：其可以接受可变的控制结构与数据。例如，SQL 查询：

select * from emp where name = 'Brian'

由 select,from,where, =,*,emp,name 以及 Brian 这些关键字组合得到。控制结构与数据的组合可以保证这些语言易于被使用。

问题是，在不注意的情况下，程序员会无意地给予一个用户增加、删除或者允许用户修改一些数据的权利。攻击者通常会使用具有特殊含义的字符或字符串来利用这些漏洞。例如在 SQL 中单引号是危险的字符;在命令 shell 中，分号比较危险。通过对同一段元字符的多种编码方式以及对同一种语言的多种实现方式，这个问题更加危险。

这个通用的问题在很多系统的都有出现，在一些系统中的有比较显著特点的问题如下：SQL 中存在 SQL 注入问题；HTML 中存在跨站脚本注入问题；文件系统中存在资源注入问题；命令 shells 中存在进程控制注入等。

通常的解决方案是不允许攻击者输入那些具有特定含义的字符。在具体环境中，这个问题及其解决方案在其语言环境中差别是很大的，这里不再赘述，前面章节中有涉及，网络中也有不少资料可以提供参考。

11.输出编码控制

输出编码是转换输入数据为输出格式的过滤程序，输出格式不包含，或者只是有选择性地包含允许的特殊字符。

输出编码的种类有：

●支持 HTML 代码的输出；

●不支持 HTML 代码的输出；

●URL 的输出；

●页面内容的输出 Keywords、 Description 等；

●js 脚本的输出；

●style 样式的输出；

●xml 数据的输出；

●服务控件的输出；

●向客户端输出超出业务必需范围的数据。

为保护客户信息安全，在展示客户信息时，对于银行卡号、手机号码、证件类识别标识等可以直接或组合后确定个人身份的信息应进行屏蔽展示，如业务需求要完整展示，应进行用户身份验证。屏蔽客户信息应在服务端完成，避免在客户端使用 JS 代码等方式进行处理后屏蔽。

（二）Web 应用程序

开发安全的 Web 应用程序具有挑战性，主要原因如下：

（1）用户可以很容易访问应用程序，恶意用户也可以这样做。

（2）HTTP 不是为应用设计，更不是为安全的应用设计。HTTP 的安全问题与标准 C 库中的字符串函数带来的缓冲区溢出问题一样复杂。程序员需要通过有效方法来确认应用是安全的。

（3）应用不只需要防护恶意用户，还需要帮助正常用户防御恶意用户。恶意用户往往通过应用作为其攻击的跳板。

本小节覆盖了创建安全 Web 应用最重要的方面。

1.基础规则

（1）使用 POST 方式而不是 GET 方式

使用 HTTP POST 方法来保证 Request 参数的安全。

使用 GET 方式传递的参数包含在 URL 里，所以它们理所当然地可以被记录在日志文件里，通过 HTTP 头的 referrer 发送到其他站点上，被存储在浏览器历史记录里。而 POST 方式几乎在所有情况下都适用，而且它可以通过验证表单来确保账户信息的安全。禁止使用 GET 方式可以防止很多跨站脚本攻击漏洞，因为这样可以使攻击者无法向用户发送含有恶意 GET 参数的 URL。

（2）使用 SSL

对所有涉及保密信息的通信都使用 SSL，拒绝一切不使用 SSL 的请求。

从 Web 应用刚刚兴起一直到现在，开发者和用户都被告知使用 SSL 来确保 Web 应用的安全。如果一个 Web 程序不使用 SSL，人们都会感觉它不够安全，但是即使使用了 SSL，用户也不能肯定它是安全的。因为 SSL 只能对通信过程提供安全保障，并不能完全保证安全，而且存在将攻击引向通信终端的可能。

SSL 确实能够带来一定的好处。如果合理使用，它就能对嗅探攻击和中间人攻击做出有效的防御，同时它还可以为主机和客户机提供可信的验证，但是大部分的终端用户并不使用主机验证，也很少有站点使用 SSL 来验证终端用户。

SSL 并不应该是可进行选择的方案。一个安全的程序不应该在使用 443 端口（SSL 通信端口）的同时也接受 80 端口（一般的 HTTP 服务端口）请求，不应允许用户选择安全级别。

（3）假设浏览器已被控制

不管在客户端是否经过输入验证，在服务端仍要进行验证。

Web 程序总会接收到来自攻击者的请求，对客户习惯做出的任何假设都有可能会被用来对你的程序发起攻击。在验证之前请不要相信来自客户端的任何数据，包括那些不常被客户修改的值（如 cookies，隐藏的域）。只使用客户端的某些特性（如 JavaScript 代码）来给合法用户提供反馈是不安全的。

开发者有很多方法来创建动态和交互的 Web 页面，包括 JavaScript、Flash、Java Applets、ActiveX 等。这些技术有一个共同的弱点：攻击者可以绕过他们而直接与服务器通信。

攻击之前，攻击者会故意构造有针对性的试探，并使用嗅探技术。由于这台机器被他们所控制，嗅探 SSL 通信完全没有问题。这就意味着不可能存在一个“秘密的”隐藏域或者一个用户不知道具体含义的特殊表单。攻击者完全了解浏览器端和服务器端的通信以及他们的运作方式。攻击者很容易伪造出能与原始交互界面几乎相同 HTTP 请求的脚本，所以来自客户端的数据根本不能“默认具有某种属性”，在客户端进行的输入验证只是为了加强程序的可用性，并不能为服务器接收的数据提供安全保证。

HTTP 协议是无状态的，开发者应该想出方法来避免它的这种缺陷。两种流行的解决方法是使用 cookie 和使用隐藏表单。这两种方法都有一些诱人的特性：对一般的用户而言，它们发送返回给服务器的数据，在浏览器中是不可见的而且是不能直接操作的。当然，如果是恶意用户，这两种方法都会失效，因为恶意用户可以轻易伪造 cookie 或者隐藏表单。但这并不是说使用隐藏表单或者 cookie 是没用的或者不安全的，而是说必须对两种方法接收到的数据进行校验。

（4）假设浏览器是公开的

要假设攻击者可以了解、学习你发送给他们的任何数据，即使这些信息没有在浏览器中显示。

攻击者在进行攻击之前会先了解你的程序运作方式，观察程序返回的 HTTP 应答包是最容易的一种方法了，他们通过这种方式来寻找 URL 的格式，URL 的参数，隐藏的表单，cookie 值等，还可以读取页面源码、HTML 中的注释（包括错误页面的 HTML），解析 JavaScript，根据命名习惯进行预测，还会使用搜索引擎发掘该程序其他用户的信息。你不但不能相信来自客户端的任何数据，而且不能在应答包中包含任何秘密信息。

（5）不能依赖 Http Request 到达的顺序

攻击者可以通过改变请求顺序绕过有设计缺陷的系统的验证。

攻击者可以随意控制 request 到达的顺序来适合自己的需要。例如，如果你的程序通过不同页面来搜集信息，在较早的表单里验证了信息，而在修改信息的表单没有进行验证，那么攻击者就可以利用后者来绕过你的输入验证。

（6）创建一个默认的错误页面

对所有的异常构造统一的错误页面，包括 HTTP 错误和未经处理的异常。

为 HTTP 错误建立一个默认的错误页面，丢弃掉所有的异常细节，这样就能够防止攻击者从应用程序的默认出错页面中得到系统信息。

（7）使用通用的错误消息

要确定你的应用错误提示信息不会泄露系统信息以及出错原因等敏感信息。

精心构造错误提示信息来防止诸如用户 id，网络，应用程序以及服务器环境的细节等重要的敏感信息的泄漏。主要包括：

- 不区分错误的用户名和错误的密码；
- 在返回的报告中不包含主机信息、网络信息、DNS 信息、软件版本信息、错误代码或者其他发生的错误的详细信息；
- 不要把错误的细节放在错误页面的注释里。

（8）屏蔽 Web 服务器默认的 banner 信息

Web 服务器缺省 banner 会在每一个返回的 header 中，对攻击者暴露 Web 服务器类型和版本信息。暴露于公网的 Web 服务器建议关闭 banner 或修改成自定义信息。

2.会话连接方面的原则

（1）使用安全性较强的会话标志服

使用包含至少 128 位安全随机数密码的会话标示符。

在确定 session 的 ID 的长度以及生成 ID 的随机种子之前，是不能相信 Web 程序的容器的。会话 ID 太短的话很容易被暴力猜解，如果攻击者能猜到授权用户的会话 ID 就可以接管用户的会话。这可以说明使用 128 位长度的会话 ID 的重要性。

破解一个会话 ID 需要的时间（以秒为单位）是按照下式计算的：

$$\frac{2^B+1}{2A\cdot S}$$

B——会话 ID 信息熵的位数；

A——每秒钟攻击者可以猜解的次数；

S——在一定时间内可供猜解的会话 ID 数。

会话 ID 的信息熵的位数一般情况下是要比会话 ID 总长度要短。譬如，如果会话 ID 是按升序排列的，那么无论会话 ID 总长度是多少其信息熵位数接近为 0，如果会话 ID 是按照很好的随机数顺序排列的，那么信息熵位数应该是其总长度的一半。乐观地讲，是存在着这种可能性的。

如果攻击者是拥有数以百千计的主机的僵尸网络，那么每秒钟进行数万次的猜解是完全可能的。如果网站的流量比较大，这种大量的猜解很可能在相当长的一段时间内不会被发觉。

一定时间内可供猜解的会话 ID 数的最低值是在当时站点上活动的用户数。如果有用户没有注销就中断会话就会增加这个数字（这也是要求缩短注销不活动 session 的时间的原因）。

如果会话 ID 是 64 位，而信息熵是 32 位，假设该 Web 站点在某段时间内有 10000 个会话，而攻击者每秒钟可以猜解 1000 次，在这种情况下，根据上面的公式我们可以知道，攻击者成功地猜解到一个正确的会话 ID 需要不到 4 分钟。

再假设 session ID 是 128 位，而信息熵是 64 位，某时刻该大型 Web 站点有 100000 个会话，而攻击者每秒可进行 10000 次猜解，那么攻击者成功地猜解到一个正确的 session ID 所需要的时间则需要大于 292 年。

（2）每次认证成功后新建一个会话

即使已经有与用户关联的会话标示符，在用户认证成功之后要重新建立一个会话。

基于 Web 的应用程序的安全主要在于使攻击者不能够拿到合法用户的会话 ID。如果会话 ID 足够长、足够随机，那么试图猜解该 ID 将成为“不可能完成的任务”。但是，如果攻击者可以强迫用户使用某个特定的会话 ID 呢？这种攻击被称为会话定置攻击。想象下面的情况：

一个攻击者在公共的终端上打开一个将会话 cookie 放在登录界面的网站，

打开该网站的登录界面，记录下会话 cookie 并走开。几分钟后，一个用户使用该终端并登录该网站，由于该 Web 程序仍使用之前分配给攻击者的那个会话 ID，那么攻击者就可以利用它接管用户的会话。

这种攻击的更高级形式是使用户通过点击 Web 页面的链接或者一封邮件来强制用户使用某个会话 ID。

为了防止会话定置攻击，一个基于 Web 的应用程序必须在认证用户的同时重新开始使用一个新的会话 ID。但对于很多应用程序服务器来讲，由于他们分开管理用户认证和会话管理，这种防范方法就变得很困难。譬如：在 Tomcat Servlet 容器下的某个程序直接向 j_security_check 提交认证信息，这样的话 Tomcat 就不能在认证同时开始使用一个新的会话 ID。

（3）保护会话中使用的 cookie

使用最具限制性的域和路径来限制对会话使用的 cookie 的访问。

如果出于结构要求的需要，与 cookie 有关的域或路径是开放的，请在重构时候注意安全性。出于对安全性的考虑，应该在建立 Session 时要求用户以 SSL 方式进行连接，并且将该会话的安全标识设置为 cookie 只能通过安全连接进行传输。

微软的 HttpOnly cookie 用处是很小的，它只限于在 IE 下使用，攻击者也可以很方便地窃取到它。千万不要寄希望于它能带来任何的安全保障。

（4）为会话设置最大空闲时间

强制执行一个会话最大空闲时间来增加安全性和稳定性。

强制执行一个会话最大空闲时间可以带来如下的好处：

●缩短那些未能及时注销的用户暴露在外的时间；

●减少了可供攻击者猜解的 session ID 的平均数目。

许多应用程序框架将会话最大空闲时间设置为配置参数，将其统一起来，使相关人员知道如何正确的设置，使用户知道什么是可判断的。对一个中等安全程度的系统，建议将超时时间设置为小于 30 分钟。

（5）设置会话连接最大有效时间

强制执行会话最大生存周期来增加安全性和稳定性。

只有在不超过会话 ID 最大生存周期的时候，才允许一个会话不用再次进行对用户的认证。通过进行重新认证，可以防止攻击者窃取会话 ID。对一个中等安全程度的系统，建议一个会话最大生存周期设置为不大于 6 小时。

（6）允许用户终止会话

允许用户通过注销来保护自己的账号。

允许用户终止其会话能够带来如下好处：

- 在一个公共设备上的用户只能通过这种方法才能防止在这个设备上的后来使用的用户访问其帐户；
- 允许用户终止会话，可以防止后来取得该台电脑控制权的攻击者攻击其帐户；
- 通过结束不使用的 session，可以减少可供攻击者猜解的会话 ID 的平均次数。

（7）会话终止时清空数据

会话结束时从硬盘，内存中清除与之相关的数据和外部系统连接。

如果会话数据可以在会话终止后继续存在，那么该数据被攻击者利用的机会大大增加。

（8）避免在 http 调用的 header 中传递不必要的信息

现代化的系统架构中，通常使用 Token 来做用户鉴权。调用第三方 restful 接口时，禁止将自己平台的 token 携带到 header 中。

（三）外部系统连接

数据库，文件系统以及网络是系统的外部接口，其目的是访问记录，存储信息或者传输数据。但是这些技术在企业软件中存在许多安全问题。本小节聚焦在最重要的安全观念以及最常见的安全错误上。

本小节主要针对的安全漏洞包括 SQL 注入、未释放资源、路径操纵误用、文件访问竞争条件、不安全的临时文件。

1.文件系统

（1）文件系统访问控制

使用最严格的权限策略来保护新的文件，在打开一个文件时验证是否满足权限设置。

由于文件系统是一个被多个用户共享的系统，这就要求以最严格的权限来保护存储在其中的资源。在大多数情况下，这意味着文件只应被指定的用户访问，而且该用户应该被限制为最小的权限，例如对文件的读写权限都应被限制到最低。当应用程序使用被其控制的已存在文件时，必须首先验证是否存在防止文件被篡改的许可权限。许可权限验证对于防止和探测恶意的文件访问竞争条件有十分重要的作用。建议不要将许可权限的管理交给系统管理员一个人处理。

（2）对文件的大小进行限制

对文件操作时要对文件的大小进行限制。

当对文件系统进行无论上传，下载，还是读取操作时，都要对文件的大小进行安全验证，将文件的大小设置在一个合理的范围内，防止因文件过大造成应用系统的卡顿或者拒绝服务情况的发生，同时，对文件要通过I/O流的方式操作，操作完毕后要对I/O流进行关闭，避免大量、长时间占用内存空间。

（3）使用安全的临时文件

在程序初始化时以最严格的权限策略建立一个安全临时文件夹，把临时文件放在该文件夹里。

大多数用来创建临时文件的标准接口都是存在安全问题的。为了安全地使用临时文件，应该在程序初始化时创建一个只能被该程序读写的文件夹。不要将该文件夹放在用户可访问到的地方，并将所有的临时文件都放在其中。这样就可以防止攻击者猜测被使用的临时文件的名字，提前创建该文件来进行内容操纵或者拒绝服务攻击的风险。

（4）关注文件访问竞争条件

使用文件句柄来保证针对某文件的多次操作确实是对同一个文件的操作。

文件访问竞争条件是一种很典型的C语言的问题，但是在其他语言中，例如Java或者C#中也是有可能发生的。在C中，当程序在某个用户权限下进行文件操作时，会进行访问检测来确保用户不会越权进行其他非法的操作，就有可能存在这种缺陷。文件访问竞争条件可以使攻击者能够获取系统中的任何文件，或者以任意字符覆盖原有的口令。

为了防止这种缺陷，最好能确保在程序对某文件进行一系列操作之后，不再能被替换或者修改。在C语言中，最好避免使用操作文件名的函数，因为你不能够保证在函数调用域之外的空间上，它指向的仍是硬盘上同一文件。所以应该首先打开该文件获得文件句柄，然后通过使用操作文件句柄的函数来进行操作。

在Java中，虚拟机对文件的操作是基于路径的，而不是基于操作系统的文件句柄的，所以文件访问竞争条件是不可避免的。当用户可以访问本地文件时，最好不要使用Java来实现具有特定权限的程序。

（5）确保文件系统资源会被释放

要保证诸如文件句柄之类的文件系统访问结构在不再需要时会被释放。

资源泄露可以导致拒绝服务攻击且难以发现，所以最好为你的应用程序建立一个集中的资源管理模块以及一个资源管理规则并严格执行。在Java中，应该在finally块中释放资源来保证资源在任何情况下都会被释放。在.NET中，则需要使用关键字using引入IDisposable接口来进行资源释放，而不是直接关闭管理资源的对象。

千万不要依赖Java和.NET的垃圾回收器来回收资源。垃圾回收器在进行回收之前还要检测对象是否适合进行垃圾回收。只有虚拟机的内存已经很低的时候，才会进行垃圾回收，这样无法保证即将被回收的对象处于正常的状态。当垃圾回收真正开始时，在很短的时间内很可能会有很多的资源需要被处理，这样很可能导致大规模降低系统总体的吞吐量。系统的负荷越高，这种情形就会越严重。

在 C/C++中就没有比较方便的机制，只能不断地严格按照开发者自己指定的策略决定什么时候和如何进行资源释放。

（6）将文件名以及文件内容作为不可信输入

确保从文件系统中读取的数据符合期望。

文件的大小和名字很难得到保证，所以对来自文件系统的所有值都应进行合适的输入验证。在 C/C++中，开发者经常会对错误地认为 Windows 系统的变量 MAX_PATH 以及 Unix/Linux 系统的变量 PATH_MAX 可以限制在文件系统中出现的最大路径的长度。而这些变量的实际作用是限制传递给某些操作的最大路径，而在系统中是可以存在更大的路径的。在 C/C++中，很经常出现过长的文件名导致的缓冲区溢出，除去这种过长路径名的风险，根据操作系统的不同，某些操作系统中正常的文件名还可能包含在其他系统中作为关键字的字符。

2.网络接口

确保数据包、元数据、连接信息符合你的期望。

从 DNS 返回的信息可能被假冒；数据包中非负荷数据也可能被伪造；攻击者可以专门构造数据包用于进行某些攻击等等。这些说明：来自网络的数据是不可信的。一定要对其进行一定的校验来保证数据包的大小和内容都符合预期要求。

3.数据库

（1）使用参数化的 SQL

参数化的 SQL 请求是防止 SQL 注入的最好方法。

导致 SQL 诸多漏洞的原因就是攻击者可以改变 SQL 请求的内容，使开发者认为本应当是数据的值变成了 SQL 执行命令的一部分。在构造 SQL 请求时，开发者应当知道哪些应该被翻译为数据而哪些应该被翻译为命令的一部分。如果正确地使用参数化的 SQL 语句，就可以通过不允许数据指向改变的方法来防御几乎所有的 SQL 注入攻击。参数化的 SQL 语句通常是由 SQL 字符构造的，但来自客户的数据是需要与一些绑定参数组合在一起的。也就是说，开发者使用这些绑定参数来准确地向数据库指出哪些应该被当作数据，哪些应该被当作命令。当程序要执行该语句的时候，会告知数据库这些绑定参数的运行值，这样的操作避免了数据被认为是命令语句而被执行的错误。

但是，参数化的SQL语句并不能完全的避免SQL注入攻击的发生，看下面的这个例子：

这是一个java web应用程序，让用户在数据库中搜索一些信息，用户可以指定要搜寻的对象的名称，并用以下代码执行这些查询：

```
...
String item = request.getParamater("item");
String q="SELECT * FROM records WHERE item=" + item;
PreparedStatement stmt = conn.prepareStatement(q);
ResultSet results = stmt.execute();
...
```

虽然本例程序使用了参数化的接口，但是它犯了一个很常见的错误：把用户的输入作为 prepareStatement() 的参数传入，如果允许用户控制 PreparedStatement 的内容，参数化 SQL 提供的安全特性就会失去效果，很多 SQL 注入攻击的关键字也会被包含在之前构造的语句中。

将前面的问题改正后，合理地使用参数化SQL，具体代码如下：

```
...
String item = request.getParamater("item");
String q="SELECT * FROM records WHERE item=?";
PreparedStatement stmt = conn.prepareStatement(q);
stmt.setString(1, item);
ResultSet results = stmt.execute();
...
```

你很可能经常发现自己不能有效地使用参数化 SQL 语句。在更加复杂的情况会出现要求用户输入影响 SQL 语句结构的情况，譬如：要求在 where 子句里增加一个动态约束。但是不要使用这些方法来把用户的输入连接为请求语句。用户的输入也可以以一种间接的方法来影响命令的结构，例如，构造一组与可能包含在 SQL 语句中的元素对应的字符串，在构造语句时来自用户的输入就可以得到本应由程序控制的值。

（2）通过 row（行）级别的访问控制来使用数据库

不要依赖应用程序访问控制能够保护数据库的数据，限制每个请求使用户只能访问他们自己的数据。

通过 row 级别的访问控制是防止用户信息泄露“最后的防线”了。限制 SQL 请求只向当前认证的用户返回结果。

例如，在一个使用户在线访问他们医疗记录的 java web 程序中，在用户认证后，与用户 ID 有关的所有信息都会被显示在一个 HTML 表格里。但是如果代码实现如下面所示，会导致用户可以查看任意用户的信息。

```
...
String recID = request.getParamater("recID");
String q="SELECT * FROM records WHERE recID=?";
PreparedStatement stmt = conn.prepareStatement(q);
stmt.setString(1, recID);
ResultSet results = stmt.execute();
...
```

虽然程序在 recID 的值上正确地使用了参数化 SQL 语句来防止注入攻击，这段代码仍然是不安全的。程序逻辑上要实现 recID 的值是按照用户 ID 从一个表中读出的。但是攻击者可以提交一个任意值的 recID，如果这个 recID 值在表中存在，攻击者就越过了访问控制。

解决这种缺陷的方法是使用额外的逻辑来限制 recID 的值，使它只有某个特定用户能够提交。但是一个聪明的攻击者也可以利用定位一个在程序意料外的路径或者提交无序的请求来达到攻击目的，更好的办法是在数据库语句本身进行访问控制，这样攻击者就很难越过这个限制。所以上面的代码可以作以下的改进：

```
...
String recID = request.getParamater("recID");
String q="SELECT * FROM records WHERE recID=? AND usr=?";
PreparedStatement stmt = conn.prepareStatement(q);
stmt.setString(1, recID);
stmt.setString(2, ctx.getAuthenticatedUserName());
ResultSet results = stmt.execute();
...
```

这段代码对 WHERE 块增加了一个约束，使返回的结果必须是与当前认证的用户关联的。

（3）将数据库中的数据作为不可完全相信的输入

确保从数据库读出的数据符合你的预期。

相比不可信的外部输入，系统会对数据库给予一定的信任，所以对来自数据库的数据也需要进行验证会显得不可理解。但是建议还是要对来自数据库的数据进行验证，确保其格式正确且能够安全使用，不要盲目的信赖数据库。下面就是一些对数据库数据进行简单有效验证的例子。

- 要返回的单值数据只能在一行出现，如果存在多行的话很可能被攻击者插入了注入语句，而数据库的单值约束很可能不起作用。
- 使用安全可信的内容，而不要使用意料之外的可能具有恶意的信息（如常用系统或者浏览器的关键字），如果出现了这样的字符，就很可能说明攻击者已经成功地越过了输入验证，正在试图发动注入或者跨站脚本攻击。即使你的输入验证机制很完美，攻击者也可能有其他的渠道从数据库中得到数据。例如，你可能发现用户的某些信息里含有<script>标签，这很可能就是来自 Web 的问题。

很多人都会说："如果攻击者已经可以修改数据库，他们不是已经赢了吗？"针对这一点，笔者认为攻击者可能在完全控制数据库之前找到一些方法向数据库写入一些恶意数据。如果不加以防范，就很可能真的导致数据库被攻击者完全控制。对你认为的程序安全的部分再加以验证绝对不多余，最重要的一点是你的程序很可能并不是唯一能向数据库写入数据的程序。所以，也就不能指望来自数据库的信息能够完全满足你的需要。

（4）SqlLite 数据库的安全

①增加口令认证

SQLite 数据库文件是一个普通文本文件，对它的访问首先依赖于文件的访问控制。在此基础上再增加进一步的口令认证，即在访问数据库时必须提供正确的口令，如果通过认证就可以对数据库执行创建、查询、修改、插入、删除和修改等操作；否则不允许进一步访问。

②数据库加密

数据库加密有两种方式：

a.在数据库管理系统(Data Base Management System , DBMS)中实现加密功能，即在从数据库中读数据和向数据库中写数据时执行加解密操作；

b.应用层加密，即在应用程序中对数据库的某些字段的值进行加密，DBMS 管理的是加密后的密文。前者与 DBMS 结合得好，加密方式对用户透明，但增加了 DBMS 的负载，并且需要修改 DBMS 的原始代码；后者则需要应用程序在写入数据前加密，在读出数据后解密，因而会增大应用程序的负载。

③审计机制

作为可移植的嵌入式数据库, SQLite 不宜调用系统日志来执行审计功能。而且，由于 SQLite 没有用户管理功能，所以也不需要详细的审计功能。如果用户确实需要详细的日志功能，建议在应用程序中使用。

④备份与恢复机制

由于 SQLite 使用单个文件存储数据库的完整内容，所以可以通过文件的拷贝方便地实现数据库的备份和恢复功能。

（5）Redis 数据库的安全配置

①限制为内网或者本机访问

只监听内网的 IP，然后在 iptables 里面限制访问的主机：

在/etc/redis/redis.conf 中配置如下：

bind 192.168.12.100

如果服务只需要本机访问就直接监听 127.0.0.1 的回环地址就可以了。

②设置防火墙

如果需要其他机器访问，或者设置了 slave 模式，那就记得加上相应的防火墙设置，命令如下：

iptables -A INPUT -s 192.168.12.10/32 -p tcp --dport 6379 -j ACCEPT

③禁止 root 用户启动 redis

使用 root 权限去运行网络服务是比较有风险的（nginx 和 apache 都是有独立的 work 用户，而 redis 没有）。redis crackit 漏洞就是利用 root 用户的权限来替换或者增加 authorized_keys，来获取 root 登录权限的。

useradd -s /sbin/nolog -M redissetsid sudo -u redis /usr/bin/redis-server/

etc/redis/redis.conf # 使用 root 切换到 redis 用户启动服务

④限制 redis 文件目录访问权限

设置 redis 的主目录权限为 700，如果 redis 配置文件独立于 redis 主目录，权限修改为 600，因为 redis 密码明文存储在配置文件中。

⑤避免使用默认端口，降低扫描风险

在/etc/redis/redis.conf 中配置如下：

找到 port 6379 这行，把 6379 改为 9999 或其他端口，记得 iptables 对应的端口要修改。

⑥开启 redis 密码认证，并设置高强度密码

redis 在 redis.conf 配置文件中，设置配置项 requirepass， 开户密码认证。

redis 因查询效率高，auth 这种命令每秒能处理 10w 次以上，简单的 redis 的密码极容易被攻击者破解。

⑦禁止或重命名危险命令

redis crackit 漏洞就利用 config/save 两个命令完成攻击。因 redis 无用户权限限制，建议危险的命令，使用 rename 配置项进行禁用或重命名，这样外部

不了解重命名规则攻击者，就不能执行这类命令。涉及到的命令有：

FLUSHDB, FLUSHALL, KEYS, PEXPIRE, DEL, CONFIG, SHUTDOWN, BGREWRITEAOF, BGSAVE, SAVE, SPOP, SREM, RENAME, DEBUG, EVAL.

以下示例：redis.config 文件禁用 FLUSHDB、FLUSHALL 两个命令；重命名 CONFIG、SHUTDOWN 命令，添加一个特殊的后缀。这样 redis 启动后，只能运行 CONFIG_ des327c4dee7dfsf 命令，不能执行 CONFIG 命令。

rename-command CONFIG CONFIG_des327c4dee7dfsf rename-command SHUTDOWN SHUTDOWN_des327c4dee7dfsf rename-command FLUSHDB "" rename-command FLUSHALL ""

上述配置将 config 和 shutdown 重命名，将 flushdb，flushall 设置为空，即禁用该命令，我们也可以命名为一些攻击者难以猜测，我们自己却容易记住的名字。保存之后，执行/etc/init.d/redis-server restart 重启生效。

（6）Memcache 数据库安全配置

Memcache 服务器端都是直接通过客户端连接后直接操作，没有任何的验证过程，这样如果服务器是直接暴露在互联网上的话是比较危险，轻则数据泄露被其他无关人员查看，重则服务器被入侵，因为 Memcache 是以 root 权限运行的，况且里面可能存在一些未知的 bug 或者是缓冲区溢出的情况，所以危险性是可以预见的。

①设置防火墙

防火墙是简单有效的方式，如果两台服务器都是在内网部署，并且需要通过外网 IP 来访问 Memcache 的话，那么可以考虑使用防火墙或者代理程序来过滤非法访问。 一般在 Linux 下可以使用 iptables 或者 FreeBSD 下的 ipfw 来指定一些规则防止一些非法的访问，比如可设置只允许 Web 服务器来访问 Memcache 服务器，同时阻止其他的访问。

```
# iptables -F
# iptables -P INPUT DROP
# iptables -A INPUT -p tcp -s 192.168.0.2 --dport 11211 -j ACCEPT
# iptables -A INPUT -p udp -s 192.168.0.2 --dport 11211 -j ACCEPT
```

上面的 iptables 规则就是只允许 192.168.0.2 这台 Web 服务器对 Memcache 服务器的访问，能够有效的阻止一些非法访问，相应的也可以增加一些其他的规则来加强安全性，这个可以根据自己的需要选择。

三、常见漏洞及防范措施

（一）命令注入（Command Injection）

1.问题简介

在没有指定完整路径的情况下执行命令可能使得攻击者可以通过改变 $PATH 或者其他环境变量来执行恶意代码。

2.详细描述

命令注入攻击有两种形式：

（1）攻击者可以改变应用程序执行的命令；

（2）攻击者可以改变命令执行的环境。

在此我们主要关心第二种情况，即攻击者可以通过改变环境变量或者在搜索路径中插入可执行恶意代码来改变命令的原有目的。这种类型的命令注入攻击通常发生在：

（1）攻击者改变应用程序的环境；

（2）应用程序执行命令时没有指定一个完整的路径或者校验执行的代码；

（3）通过执行该命令，应用程序会给予攻击者特殊的权限或者能力，而这些权限或能力是攻击者不应该具有的。

示例：下面代码使用系统变量 APPHOME 来定位程序安装的目录，然后根据此目录的相关路径来执行初始化脚本。

```
...
string val = Environment.GetEnvironmentVariable("APPHOME");
string cmd = val + INITCMD;
```

```
ProcessStartInfo startInfo = new ProcessStartInfo(cmd);
Process.Start(startInfo);
...
```

示例中的代码中，攻击者可以通过修改系统变量 APPHOME，使其指向一个包含恶意代码的路径，进而利用应用程序的高级权限来执行任意命令。因为程序没有对读入的环境变量值进行验证，如果攻击者能够控制系统的环境变量值 APPHOME，那么攻击者就能欺骗应用程序，让其执行恶意代码，从而控制系统。

3.解决方案

命令注入攻击主要是因为对用户输入或者环境变量值没有进行验证所造成的。为了防范命令注入攻击，我们应该对用户输入进行校验，过滤非法字符（如“&&”等）。同时，在程序中应该尽量不要从环境变量中读入数据，即使不得不依赖环境变量，也应该严格限制这些变量的路径和所起的作用，减少程序受到的影响。

此外，还可以去除应用程序不必要的特殊权限。因为很多攻击只有在获得高级特权时才有意义，所以减少程序拥有的特权可以降低被攻击的风险。

（二）拒绝服务（Denial of Service）

1.问题简介

攻击者能够使程序发生冲突或者使合法用户无法获取资源。

2.详细描述

攻击者可以通过向应用程序发送大量请求来使得应用程序无法向合法用户提供服务，但是这种洪水攻击（Flooding Attack）通常能在网络层进行防范。更重要的是有的 bug 使得攻击者可以通过使用少量的请求来让应用程序过载，这类 bug 使得攻击者可以指定请求所消耗的系统资源数量或者所占用系统资源的时间。

示例 1：下面的代码允许用户指定线程睡眠的时间。攻击者可以通过指定一个巨大的数字来无限期地占用该线程。通过少量的请求，攻击者就能够耗尽应用程序的线程池。

```
int usrSleepTime = Integer.parseInt(usrInput);
Thread.sleep(usrSleepTime);
```

示例 2：下面的代码会从一个 zip 文件中读取一个字符串。因为它使用了 ReadLine()方法，所以它将读取一个无限制的输入。攻击者可以利用该代码来导致 OutOfMemory Exception，或者消耗大量的内存使得程序要耗费更多的时间来进行垃圾回收，又或者在接下来的操作中使得内存溢出。

```
InputStream zipInput = zipFile.getInputStream(zipEntry);
Reader zipReader = new InputStreamReader(zipInput);
BufferedReader br = new BufferedReader(zipReader);
String line = br.readLine();
```

3.解决方案

拒绝服务攻击是一种滥用资源性的攻击。从程序代码角度讲，对涉及系统资源的外部数据应该进行严格校验，防止大数目或者无限制地输入。从系统管理的角度来讲，主机应该：

（1）关闭不必要的服务；

（2）将数据包的连接数从缺省值 128 或 512 修改为 2048 或更大，以加长每次处理数据包队列的长度，以缓解和消化更多数据包的连接；

（3）将连接超时时间设置得较短，以保证正常数据包的连接，屏蔽非法攻击包；

（4）及时更新系统、安装补丁。

此外，还可以对防火墙、路由器进行设置。禁止对主机非开放服务的访问，限制同时打开的数据包最大连接数，访问控制列表（ACL）过滤，设置数据包流量速率，利用负载均衡技术等。

（三）HTTP 响应截断（HTTP Response Splitting）

1.问题简介

在 HTTP 响应头中包含未经验证的数据将可能导致缓存中毒（cache-poisoning）、跨站脚本（cross-site scripting）、跨用户攻击（cross-user defacement）或者页面劫持（page hijacking）攻击。

2.详细描述

（1）数据通过一个非可信源进入 Web 应用程序，最可能的是通过 HTTP 请求；

（2）包含在 HTTP 响应头中发送给 Web 用户的数据没有对恶意字符进行验证。

与很多软件安全攻击一样，HTTP 响应截断是一种达到目的的手段，它本身并不是目的。起初，这种攻击很简单：攻击者传递恶意数据给有漏洞的应用程序，应用程序将这些数据包含在 HTTP 响应头中。

要想成功地发动该攻击，应用程序必须允许响应头中包含 CR（回车，即%0d 或者\r）和 LF（换行，即%0a 或者\n）字符。这些字符不仅使得攻击者可以控制应用程序发送的部分响应头和响应体，还使得攻击者可以创建能够完全控制的 HTTP 响应。

示例：下面的代码段从 HTTP 请求中读取一篇博客文章的作者名 author，然后将它放入 HTTP 响应的 cookie 头。

```
String author = request.getParameter(AUTHOR_PARAM);
...
Cookie cookie = new Cookie("author", author);
cookie.setMaxAge(cookieExpiration);
response.addCookie(cookie);
```

假如在 HTTP 请求中提交的字符串是由标准的文字和数字字符组成，如“Jane Smith”，那么 HTTP 响应中包含的 cookie 可能是如下形式：

HTTP/1.1 200 OK

...

Set-Cookie: author=Jane Smith

...

然而，因为 cookie 的值是根据未经验证的用户输入生成的，所以只有当提交的 Author.Text 的值中不包含任何 CR 和 LF 字符时，HTTP 响应才会是以上形式。如果攻击者提交了一个恶意字符串，比如“Wiley Hacker\r\nHTTP/1.1 200 OK\r\n...”，那么 HTTP 响应将被分割为如下两个响应：

HTTP/1.1 200 OK

...

Set-Cookie: author=Wiley Hacker

HTTP/1.1 200 OK

...

显然，第二个响应是由攻击者完全控制的，它能够构成任何攻击者想要的响应头和响应体。这种攻击者可以构造任意 HTTP 响应的能力会导致各种攻击，包括跨用户攻击、Web 和浏览器缓存中毒、跨站脚本和页面劫持。

（1）跨用户攻击：攻击者可以制作一个专门的请求发给有漏洞的服务端，服务端将会创建两个响应，第二个响应会被误解为是另一个请求的响应，这个请求是由使用同一个 TCP 连接访问服务端的另一个用户发来的。当攻击者诱使用户自己提交恶意请求时，或者当攻击者与用户共用同一个 TCP 连接到服务端（比如共享的代理服务）时，就可以完成上述攻击。最好的情况下，攻击者可以通过这种攻击使用户认为应用程序已经被修改了，导致用户对应用程序的安全性失去信心。最糟的情况下，攻击者可以模仿应用程序，提供相似的内容，诱使用户将私有信息（如账号和密码）发送给攻击者。

（2）跨站脚本：一旦攻击者可以控制应用程序发送的响应，他们就可以选择各种恶意内容来提供给用户。跨站脚本是最常见的攻击，它在用户浏览器上执行响应中包含的恶意 JavaScript 或者其他代码。基于 XSS 的攻击种类几乎是无限的，但是它们通常会包括：传送私有数据（如 cookies 或者其他 session 信息）给攻击者，将受害者的浏览器重定向到攻击者所控制的 Web 内容中，或者假借有漏洞的站点在用户机器上进行其他恶意操作。针对一个有漏洞的应用程序的用户，最常见的也是最危险的攻击方式是通过 JavaScript 将 session 和认证信息发送给攻击者，使得攻击者能够完全控制受害者的账号。

（3）页面劫持：除了通过有漏洞的应用程序来给用户发送恶意内容以外，这种攻击还能够将服务端生成的要发送给用户的敏感内容重定向给攻击者。攻击者通过一个请求生成两个响应，一个是服务端原有的响应，一个是攻击者制造的响应。然后攻击者通过一个中间节点，如共享的代理服务，将服务端产生的发给用户的响应指向攻击者。因为攻击者制造的请求产生了两个响应，第一个作为攻击者请求的响应，第二个会保留在响应池中。当用户通过同一个 TCP 连接提出 HTTP 请求时，由于攻击者制造的响应已经存在，所以该响应会被当作用户的响应发送给用户。然后攻击者发送第二次请求给服务端，此时代理服务器就会把服务端生成的原本要发给用户的响应当作攻击者的响应发送给攻击者，这样攻击者就能从该响应中获取危及用户安全的敏感信息。

3.解决方案

要想进行 HTTP 响应截断攻击，应用程序必须允许响应头中包含 CR（回车，即%0d 或者\r）和 LF（换行，即%0a 或者\n）字符。所以我们可以在数据进入应用程序之前把可能的危险拦截，针对 CR 和 LF 字符进行过滤。

（四）SQL 注入（SQL Injection）

1.问题简介

根据用户输入来构造一个动态的 SQL 语句，这有可能使得攻击者能够修改语句的意思，或者执行任意的 SQL 指令。

2.详细描述

SQL 注入错误发生在：

（1）输入程序的数据来自于不可信源；

（2）这些数据被用于动态构建 SQL 查询。

示例 1：下面的代码动态构建和执行一个 SQL 查询，查找与给定名称匹配的 item。查询限定只有当当前用户名与 item 的所有者名称匹配时，才向当前用户显示 item。

```
...
String userName = ctx.getAuthenticatedUserName();
String itemName = request.getParameter("itemName");
String query = "SELECT * FROM items WHERE owner = '"
+ userName + "' AND itemname = '"
+ itemName + "'";
ResultSet rs = stmt.execute(query);
...
```

代码中的查询原本希望执行如下语句：

```
SELECT * FROM items
WHERE owner = <userName>
AND itemname = <itemName>;
```

然而，因为查询语句是通过连接常量字符串和用户输入的字符串来动态构造，所以只有当 itemName 中不包含单引号字符时，查询才能正确执行。如果一个用户名为 wiley 的攻击者输入字符串“name' OR 'a'='a”作为 itemName 的值，那么查询会变成如下形式：

```
SELECT * FROM items
WHERE owner = 'wiley'
AND itemname = 'name' OR 'a'='a';
```

额外的条件 OR 'a'='a'导致了子句的值总为 true，于是该查询语句从逻辑上来说等价于：

```
SELECT * FROM items;
```

现在的查询语句使得攻击者可以绕过原有查询只返回当前用户所拥有的

item 的限制，查询会返回 items 表中储存的所有数据，无论它们的拥有者是谁。

示例 2：本例传递另一个恶意值给示例 1 中构造和执行的查询语句，检查其产生的效果。如果用户名为 wiley 的攻击者输入字符串“name'; DELETE FROM items; --”作为 itemName 的值，那么查询语句会变成如下两个查询：

```
SELECT * FROM items
WHERE owner = 'wiley'
AND itemname = 'name';
DELETE FROM items;
--'
```

很多的数据服务器，包括 Microsoft(R) SQL Server 2000，都支持一次执行用分号隔开的多个 SQL 语句。这种攻击语句在 Oracle 和其他不支持批量处理分号隔开的 SQL 语句的数据库服务器上会导致错误，但在允许批量处理的数据库上，这种攻击使得攻击者可以针对数据库执行任意指令。

注意最后的连字符--，它使得大多数数据库服务器将语句的剩余部分当作是注释而不去执行。这样一来，就可以把修改后的查询语句中最后的那个单引号给注释掉。对于那些不允许以这种方式使用注释的数据库，使用与示例 1 中类似的方法，仍然可以有效地进行此攻击。如果攻击者输入字符串“name'; DELETE FROM items; SELECT * FROM items WHERE 'a'='a”，那么将构造下面三个有效语句：

```
SELECT * FROM items
WHERE owner = 'wiley'
AND itemname = 'name';
DELETE FROM items;
SELECT * FROM items WHERE 'a'='a';
```

3.解决方案

一个传统的防止 SQL 注入攻击的方法是针对输入进行验证，要么只接受白名单中的安全字符，要么鉴别和排除黑名单中的恶意字符。白名单是一种非常有效的方法，虽然它需要执行严格的输入验证规则，但可以减少对参数化SQL语句的维护，并能够提供更高的安全保证。在大多数情况下，黑名单是充满漏洞的，并不能有效地预防SQL注入攻击。举个例子，攻击者可以：

（1）把没有被黑名单引用的对象作为目标；

（2）找到方法绕过需要排除的特殊字符；

（3）利用存储程序存储过程隐藏注入的特殊字符。

手动排除输入到 SQL 查询中的字符是有用的，但它并不能保证你的应用程序不受SQL注入攻击。

另一个对付 SQL 注入攻击的常见方法是使用存储过程。尽管存储过程能够防止一些类型的 SQL 注入攻击，但仍有很多它不能预防。存储过程通常通过限制作为参数的语句的类型来防止 SQL 注入攻击。然而，有很多方法可以绕过该限制，很多有意思的语句仍然能够传递给存储过程。与黑名单一样，存储过程能够防止一些攻击,但它并不能保证你的应用程序不受SQL注入攻击。

第四节　移动 App 应用安全

近年来，随着移动互联网的飞速发展和智能移动终端生产成本的逐渐下降，智能手机在人们学习、工作和生活中的普及率越来越高。手机终端的广大用户群体的良好体验正吸引着越来越多的开发及应用者参与到手机应用程序的开发和使用中来，Android 和 iOS 系统作为目前市场最主流的移动操作系统，其应用种类、应用数量都在不断地增长。Android 的开源性和自签名，客观上为恶意软件的滋生提供了温床，而在多数的移动应用开发者之中，仅有少部分开发者重视移动应用安全，加之大部分的移动应用分发市场审核并不严格，导致了整个市场上盗版、仿冒、内嵌木马的恶意应用层出不穷，另外 iOS 作为一个封闭系统以安全著称，但其中已经暴露出多种应用安全漏洞，例如 XcodeGhost

感染漏洞、iBackDoor 漏洞、ZipperDown 漏洞、源码泄漏、输入键盘劫持等。移动应用的这些安全问题不仅会泄露用户的个人信息，甚至会造成应用的知识版权盗用，使得名誉和经济受损，因此亟需有效的解决方案和措施。

一、移动 APP 的常见安全风险

伴随着移动应用开发技术的飞速发展，移动 APP 早已成为了人们生活中不可缺少的一部分，同时移动 APP 的安全问题也越发突出，恶意破解、盗版、核心代码被窃取、恶意代码注入、APP 劫持、数据泄露、移动业务攻击等各种安全问题层出不穷，因此应高度重视移动 APP 的安全问题。本小节主要介绍移动 APP 目前遇到的山寨危险，破解、数据泄露风险，二次打包风险，以及登录安全等常见安全风险。

（一）山寨危险

山寨危险由来已久，实际上，大部分 APP 都有过被仿冒的经历。据统计，每个热门应用平均有 27 个山寨 APP，严重影响了 APP 开发者和用户的利益。通过解包、逆向分析、代码拷贝、简单开发并打包就可以开发出山寨 APP，由于 APP 山寨产业比较暴利，所以大批开发者趋之若鹜，仿冒形式也多种多样。

（二）破解、数据泄露风险

金融、支付类 App 一直是数据泄露的重灾区，88%的金融、支付类 APP 都存在数据泄露问题。

通过数据抓包泄露用户名和密码也是常见的状况之一。

（三）二次打包风险

通过破解正版的 APP，将正版的 APP 二次打包并上传至应用商城。这种仿冒形式成本低廉、操作简单，“打包党”们通过反编译工具向 APP 中插入广告代码，再在第三方应用市场发布。常见的操作手段有插入自己广告，删除原来广告、通过恶意代码恶意扣费，插入木马、修改原来支付逻辑等。

二次打包严重危害 APP 开发者和用户的利益，对 APP 运营公司的口碑产生极度恶劣的影响。

（四）登录安全风险

登录安全风险主要有界面劫持风险和键盘记录风险。

（五）其他未知风险

技术的发展速度是超乎人们想象的，在未来，开发者可能面临的安全问题有：合规类的安全问题、APP 漏洞风险问题、身份认证类的安全问题、敏感数据泄露问题等。

二、移动端安全编码准则

（一）通用准则

1.确认并保护设备上的敏感数据

保护设备上的敏感数据，防止因移动设备（手机）废弃或者丢失而导致敏感信息泄露。

在设计阶段，按照敏感程度和应用的访问策略对数据存储区域分类（如密码、用户数据、位置信息、错误日志等）并检查调用这些敏感数据的 API 是否安全。

敏感数据应安全保存在服务端，而不应存储在客户端。保存的前提是确保网络通信与服务端数据存储机制的安全。客户端的安全是相对的，它与服务端的安全相比还需具体问题具体分析。

数据存储时应采用操作系统提供的文件加密函数或其他权威的加密函数。有的平台提供一种文件加密 API，它的密钥可以通过设备上的解锁码和远程删除功能来保护。如果具有这种可行方法，我们应当广泛使用，加密不在终端进行既减小了负担又增加了安全性。然而我们应当注意，密钥是由设备解锁码保护的，数据存储在设备上的安全将仅仅取决于解锁码和远程删除功能。

敏感信息（包括密钥）的存储或缓存必须经过加密处理，并尽可能存储在防篡改区域。

对于敏感信息数据的输入，控件不应提供复制、粘贴功能。当应用程序切换至后台运行时，应清空输入控件中的敏感信息。基于上下文信息，应限制对地理位置等敏感信息的访问(例如,GPS 显示位置在国外时手机钱包无法使用，汽车钥匙在距离汽车 100 米外无法使用等等）。

在应用程序所需要的有效时间外,不能保存 GPS 历史记录及其他敏感信息。

假设共享的存储区是不可信的，数据很容易以各种方式泄漏。尤其是当与其他应用共享缓存和临时存储区时；公共的共享存储区如地址簿，媒体库，音频文件等可能泄露信息的通道。例如，在媒体库中存储包含位置信息的照片，可能会被其他恶意的应用程序访问。不要在全局可读的目录中存放临时文件或缓存。

个人敏感信息必须设置最大保存时间，超过时间必须删除（以防止数据无限期缓存）。

由于没有针对闪存的标准安全删除程序（不可擦写的存储介质除外），所以数据的加密和安全密钥的管理尤为重要。

在编写应用程序时应考虑所有数据的生命周期安全（如网络连接信息、临时文件、缓存、备份、删除文件等）。

遵循最小化原则，应用程序只能收集和公开业务功能相关所需的数据。在设计阶段定义出必需数据，包括它的敏感度与是否能被收集、存储和使用。

运用非持久的标识符，它们必须在任何地方都不与其他应用共享。例如，不能用设备 ID 号作为标识符，应采用随机数生成器，对应用程序的 session 和 http 的 session/cookie 遵循数据最小化原则。

在管理设备上的应用程序必须使用可以远程删除的“删除开关”API，以防止设备丢失造成损失（删除开关这种功能是系统级的、专门设计的，用于远程删除程序或数据）。

开发者应当考虑设计一个内置的“数据删除开关”功能，允许用户在必要的时候能够远程删除该应用的相关数据（为了保护这个功能不会被不当使用，应设置强认证）。

2.确保密码等身份认证信息的安全

严格保存和保护用户密码等身份认证信息的安全，防止用户的认证信息被间谍程序、监控程序、金融恶意程序盗取。造成未授权的移动后端服务访问，甚至可能对别的服务或账户带来潜在风险。

可以考虑在设备上使用授权认证 token 的方法来取代密码，并在传输层进行加密（SSL/TLS），后端服务进行验证。某个特定服务的 token 应该在一段时间后失效（服务器端认证），这样可以减少设备丢失带来的损失。使用最新版本的认证标准（如 OAuth2.0），尽可能确保 token 可用性。

如果需要在设备上存储密码或 token，应使用手机操作系统所提供的加密方法和密钥存储机制。

对于关键流程验证确认应在受信的服务端完成，而且应默认客户端是不受信的。

一些设备和插件允许开发者使用诸如 SD 卡之类的安全元素去存储敏感信息（越来越多的设备提供这种功能）。开发者用这种功能来保存密钥、证书或其他敏感信息，这些安全元素使用了标准的 SD 卡加密认证方法，具有更高的安全性。然而在一般情况下 SD 卡已经作为设备不可分离的一部分，因此不推荐使用 SD 卡来进行二次认证的存储媒介。关于密码的使用，有以下注意事项：

（1）为用户在设备上提供密码修改功能。以加密或散列的形式对密码和证书进行常规备份。

（2）智能手机提供了密码可视化的功能，因为明文密码会比“*”容易记住。提供密码可视化时，在密码上按下时才显示明文，离开按下状态时恢复*号显示。

（3）滑动解锁码功能很容易被破解（把润滑膏涂抹在屏幕上读手指痕迹），如果没有限制错误次数的话就可以短时间内猜解出来。

（4）检查所有密码的熵，包括可视化密码在内。

（5）确保密码和密钥没有在缓存和日志中输出。

（6）在应用程序的二进制代码中不能存储任何密码和敏感信息，后端也不能存储通用的敏感信息（如硬编码中的密钥），因为应用程序在下载后很容易被反编译。

（7）在用户输入密码时，应确保不能截屏或录屏操作。

3.数据传输安全

安全的传输方式才不会导致敏感信息被截取、网络嗅探或者被监控。传输安全要包括各种网络机制，如 Wi-Fi、运营商网络（5G、4G、GSM、CDMA 等）以及蓝牙等。

运营商网络层是不安全的，现有的技术已经可以解密运营商网络，并且也不能保证 Wi-Fi 网络环境都进行了适当的加密。

当应用程序需要传输敏感信息时，应该强制使用加密的（如 SSL/TLS）点对点传输方式（例如使用 STS 头保证机密性和完整性保护）。这里敏感信息包括用户证书或类似的认证信息。

采用权威的加密算法，并且选择适当的密钥长度。

服务端证书签名必须由权威 CA 提供，不要采用自签名的方式生成证书。

敏感数据的传输应采取一定方式降低中间人攻击的风险（如 SSL proxy，SSL strip）。在后端（服务器）进行身份验证后再建立连接，服务器必须使用可信的 SSL 证书。

用户界面应尽可能地设计简洁，让用户可以很方便地查看证书有效性。

不要在手机终端（如通过短信、彩信、推送通知等方式）发送敏感信息。

4.正确的身份认证、授权与会话管理

正确地对用户身份进行认证、授权。严格管理会话，防止一切可能存在通

过认证系统绕过或token、cookies重放等方法进行非授权认证。

应用程序需要适当的认证强度来对用户进行认证，设置密码时应提供密码强度策略。身份认证机制的强度取决于业务是否需要读取或操作敏感信息（如付款操作）。

认证通过以后的会话管理也尤为重要，需要安全的协议来实现。例如，后续的请求必须提供身份鉴别信息或Token才可以通过（尤其是那些需要授权访问或修改的操作）。

用高熵值的不可预测的 session 标志。然而，随机数生成器生成的随机数实际是一种数列，根据seed可以算出之后所有的随机数（并且在一定时间后会出现重复），因此提供一个不可预测的seed十分重要。通常以日期和时间来生成随机数的方法是不安全的，我们可以通过加入温度传感器、重力感应器的值来进行混合再生成。经过算法测试，以上这种熵最大化的方法是可靠的（或重复使用 SHA1 结合一个随机变量来保持最大的熵——假设固定一个最大长度的seed）。

利用上下文信息增加身份认证的安全性。如IP地址位置。

应用程序请求访问敏感数据或接口时，尽可能地增加其他身份鉴别因素。如；声音、指纹等任何可以认证个人身份的内容。

身份认证应该绑定终端用户的身份（而非设备本身）。

5.保证后端API服务和平台的安全

对服务端的Web Service, REST及API进行安全测试，防止后端系统攻击及云存储数据丢失的风险。对传入 API 接口和服务的数据进行安全验证，对API接口和服务进行加固、或及时打补丁。

对敏感数据传输、客户端与服务端数据传输、应用程序与外部接口数据传输（如GPS位置信息、或包含其他文件元数据）的相关代码进行检查。

与应用程序相关的所有服务端程序（Web Services/REST）进行周期性安全测试，如使用静态源代码审计工具或fuzz工具进行测试发现安全隐患。

确保服务端所运行的环境（操作系统、Web Server 或其他应用组件）升级了最新的安全补丁。

确保服务端有足够的日志量以供检测及应急响应（根据数据保护规范的要求）。

采用限速和限制单用户/IP 登录（如果用户身份可识别）的方法来防范 DDos 攻击。

对应用程序需要集中调用的资源和接口进行 Dos 压力测试。

可以用类似于 Web 安全测试的方法来对 Web Services,REST 以及 API 进行测试。

除了正常的案例测试以外，进行极限测试。

对服务端的 Web Service, REST 及 API 进行安全测试。

6.确保与第三方应用或服务的交互安全

防止应用自身的数据泄露风险。一方面要防止用户可能在不知情的情况下安装了恶意软件，同时也要保证这些恶意软件无法通过应用来获取用户的个人信息。

对应用程序调用的所有第三方代码和库进行验证（如：确保来源是否可靠、是否有支持维护、是否不含后门）。

跟踪应用程序中相关第三方框架和 API 的安全补丁，确保它们都升级了最新的补丁。

要特别注意未经验证的第三方应用的数据接收和发送（例如网络传输）。推荐使用自建推送通道，将第三方推送通知渠道和推送内容渠道分开，避免通过推送泄露客户信息。

7.对付费资源进行授权访问控制

程序员对于调用拨打电话、短信、数据漫游、NFC 支付等资源接口、API 访问权限的应用程序需要特别小心，以防止滥用，设计时应充分考虑攻击者利用这些来盗取用户资金。

以特定格式记录应用程序调用付费资源的日志（例如签署用户同意的回执发送到受信任的服务器后端），并提供给最终用户监测。日志应受到保护，避免非授权访问。

检查异常的资源使用模式，触发重新认证。例如地理位置、用户语言发生变化等。

考虑设置默认的白名单程序来访问付费资源。例如地址簿只提供给电话拨打使用。

对所有付费资源 API 的调用进行身份验证，例如验证开发者证书。

确保该付费功能的 API 回调不会传输明文账户、定价、计费、条款等信息。

针对任何可能影响付费功能的应用程序行为，警示用户后取得用户同意。

采用快速休眠、缓存等优化方案，减少基站的信道负荷。

8.运行时代码错误检查

最小化利用源代码执行解释的权限，防止攻击者把未经验证的输入作为代码解释。例如，超出游戏等级、脚本、 SMS 数据头解释等。这可能导致恶意软件绕过应用程序商店的安全防护机制，会引起注入攻击，从而导致数据泄漏、监控、木马种植、恶意拨号等。

需要注意的是，有时候我们并不知道我们的代码中包含了解释器。解释器通过用户输入的数据和第三方 API 来定位功能访问，例如 JavaScript 解释器。

最小化执行解释器的权限。

定义全面的转义语法。

对执行解释器进行 Fuzz 测试。

用沙箱保护执行解释器。

程序检测到系统破解状态时，应自动删除用户登录状态和本地缓存数据。

9.权限最小化

（1）移动应用仅申请必要的权限

应用程序应只申请业务所必需的最小权限，不应申请与业务无关的权限。

防止过度授权，降低泄露用户隐私的风险。另外，设置过多的权限可能会适得其反，引起用户的反感和猜疑，导致用户不愿意安装该应用程序。

（2）移动应用私有文件不应向其他程序开放访问权限

应用程序私有文件权限应该只能被当前应用程序读写，不能被其他应用程序共享读写。在 Andorid 中应该设置 MODE_RIVATE 权限，这可以有效防止其他应用程序非法读写文件，导致数据泄露或被非法篡改。如果文件确实需要共享给任意应用程序访问（例如一个普通的 txt 文档），才可以设置文件权限为外部可访问权限（例如 MODE_WORLD_READABLE 或 MODE_WORLD_WRITABLE）。Android7.0 以上的系统做了更加严格的限制，MODE_WORLD_READABLE 和 MODE_WORLD_WRITEABLE 无法通过编译。

（3）移动应用对外交互的组件应该有访问权限控制

应用程序的组件往往不只在应用内部使用，多数情况下需要与外部应用进行交互。如果不对外部组件访问作权限控制，则可能会被恶意程序利用获取敏感信息或者发起拒绝服务攻击。对外部访问的源应用的身份作校验（例如验证请求来源应用的名称或提供的口令字符串），防止非法应用调用本应用的接口。

10.对设备破解状态进行检测

在破解后的设备运行应用程序是不安全的，一方面，用户的数据可能会被任意读取导致数据泄露；另一方面，破解后的设备往往会成为应用被逆向调试分析的平台，导致更多的安全漏洞被挖掘。应用可以在启动前，通过检查系统权限是否正常（比如访问试图访问正常设备上无法访问的系统目录），或者检查系统中是否存在已知的破解工具安装包（例如试图调用破解工具，或检查破解工具安装目录是否存在），来判断是否已被破解。检测到设备已被破解时，由产品分析风险后决定是否提示用户、直接退出应用或其他处理操作。

（二）Android 平台开发技术

1.数据存储

Android 软件可以使用的存储区域分为外部（SD 卡）和内部（NAND 闪

存）两种。除了大小和位置不同之外，两者在安全权限上也有很大的区别。外部存储的文件没有读写权限的管理，所有应用软件都可以随意创建、读取、修改、删除位于外部存储中的任何文件，而仅仅需要申明 READ_ EXTERNAL_STORAGE 和 READ_EXTERNAL_STORAGE 权限。内部存储则为每个软件分配了私有区域，并有基于 Linux 的文件权限控制，其中每个文件的所有者 ID 均为 Android 为该软件设立的一个用户 ID。通常情况下，其他软件无权读写这些文件。关于数据存储可能出现的问题包括以下几种：

（1）禁止将隐私数据明文保存在外部存储，存储时必须加密。

（2）隐私数据，如聊天软件或社交软件将聊天记录、好友信息、社交信息等存储在 SD 卡上；备份软件将通信录、短信等备份到 SD 卡上等。如果这些数据是直接明文保存的（包括文本格式、XML 格式、SQLite 数据库格式等形式），那么攻击者写的软件可以将其读取出来，并回传至指定的服务器，造成隐私信息泄露。

较好的做法是对这些数据进行加密，密码保存在内部存储，由系统托管或者用户使用时输入。

禁止将系统数据明文保存在外部存储，存储时必须加密。

系统数据，如备份软件和系统辅助软件可能将用户已安装的其他软件数据保存至 SD 卡，以便刷机或升级后进行恢复等；或者将一些系统数据缓存在 SD 卡上供后续使用。同样的，如果这些数据是明文保存的，恶意软件可以读取它们，并有可能用于展开进一步的攻击。

避免将软件运行时依赖的数据保存在外部存储，如果必须存储到外部存储，则应该在每次使用前判断它是否被篡改。

如果软件将配置文件存储在 SD 卡上，然后在运行期间读取这些配置文件，并根据其中的数据决定如何工作，也可能产生问题。攻击者编写的软件可以修改这些配置文件，从而控制这些软件的运行。例如，如果将登录使用的服务器列表存储在 SD 卡中，修改后，登录链接就会被发往攻击者指定的服务器，可能导致账户泄露或会话劫持（中间人攻击）。

对这种配置文件，较安全的方法是保存到内部存储，如果必须存储到 SD 卡，则应该在每次使用前判断它是否被篡改，例如，与预先保存在内部的文件哈希值进行比较。

避免将软件安装包或者二进制代码保存在外部存储，如果必须存储到外部存储，则应该在每次安装或加载前判断它是否被篡改。

很多软件都推荐用户下载并安装其他软件；用户点击后，会联网下载另一个软件的 APK 文件，保存到 SD 卡然后安装。

也有一些软件为了实现功能扩展，选择动态加载并执行二进制代码。例如，下载包含了扩展功能的 DEX 文件或 JAR 文件，保存至 SD 卡，然后在软件运行时，使用 dalvik.system.DexClassLoader 类或者 java.lang.ClassLoader 类加载这些文件，再通过 Java 反射，执行其中的代码。

如果在安装或加载前，软件没有对 SD 卡上的文件进行完整性验证，判断其是否可能被篡改或伪造，就可能出现安全问题。

这时，攻击者可以使用称为“重打包”（re-packaging）的方法。目前大量 Android 恶意代码已采用这一技术。重打包的基本原理是，将 APK 文件反汇编，得到 Dalvik 指令的 smali 语法表示；然后在其中添加、修改、删除等一些指令序列，并适当改动 Manifest 文件；最后，将这些指令重新汇编并打包成新的 APK 文件，再次签名，就可以给其他手机安装了。通过重打包，攻击者可以加入恶意代码、改变软件的数据或指令，而软件原有功能和界面基本不会受到影响，用户难以察觉。

如果攻击者对软件要安装的 APK 文件或要加载的 DEX、JAR 文件重打包，植入恶意代码，或修改其原始代码；然后在 SD 卡上，用其替换原来的文件，或者拷贝到要执行或加载的路径，当软件没有验证这些文件的有效性时，就会运行攻击者的代码。攻击结果有很多可能，例如直接发送扣费短信，或者将用户输入的账户密码发送给指定的服务器，或者弹出钓鱼界面等。

因此，软件应该在安装或加载位于 SD 卡的任何文件之前，对其完整性进行验证，判断其与实现保存在内部存储中的（或从服务器下载来的）哈希值是否一致。

禁止全局可读写的内部文件。

如果开发者使用 openFileOutput(String name,int mode)方法创建内部文件时，将第二个参数设置为 Context.MODE_WORLD_READABLE 或 Context.MODE_WORLD_WRITEABLE，就会让这个文件变为全局可读或全局可写的。

开发者也许是为了实现不同软件之间的数据共享，但这种方法的问题在于无法控制哪个软件可以读写，所以攻击者编写的恶意软件也拥有这一权限。

如果要跨应用共享数据，一种较好的方法是使用一个 Content Provider 组件，提供数据的读写接口，并为读写操作分别设置一个自定义权限。

避免内部敏感文件被 root 权限软件读写。

如果攻击者的软件已获得 root 权限，自然可以随意读写其他软件的内部文件。这种情况并不少见。

大量的第三方定制 ROM 提供了 root 权限管理工具，如果攻击者构造的软件伪造成一些功能强大的工具，可以欺骗用户授予它 root 权限。

即便手机安装的官方系统，国内用户也大多乐于解锁、刷 recovery 并刷入 root 管理工具。

Android 系统存在一些可以用于获取 root 权限的漏洞，并且对这种漏洞的利用不需要用户的确认。

因此，我们并不能假设其他软件无法获取 root 权限。即便是存在内部的数据，依然有被读取或修改的可能。

前面提到，重要、敏感、隐私的数据应使用内部存储，现在又遇到 root 后这些数据依然可能被读取的问题。如果攻击者铤而走险（被用户觉察或者被安全软件发现的风险）获得 root 权限，那理论上他已拥有了系统的完整控制权，可以直接获得联系人信息、短信记录等。此时，攻击者感兴趣的软件漏洞利用更可能是获得其他由软件管理的重要数据，例如账户密码、会话凭证、账户数据等。例如，早期 Google 钱包将用户的信用卡数据明文存储，攻击者获取这些数据后，可以伪装成持卡人进行进一步攻击以获得账号使用权。这种数据就是“其他由软件管理的重要数据”。

这个问题并没有通用的解决方法。开发者可能需要根据实际情况寻找方案，并在可用性与安全性之间做出恰当的选择。

2.网络通信

Android 软件通常使用 Wi-Fi 网络与服务器进行通信。Wi-Fi 并非总是可信的。例如，开放式网络或弱加密网络中，接入者可以监听网络流量；攻击者可以自己设置 Wi-Fi 网络钓鱼。此外，在获得 root 权限后，还可以在 Android 系统中监听网络数据。

最危险的是直接使用 HTTP 协议登录账户或交换数据。例如，攻击者在自己设置的钓鱼网络中配置 DNS 服务器，将软件要连接的服务器域名解析至攻击者的另一台服务器；这台服务器就可以获得用户登录信息，或者充当客户端与原服务器的中间人，转发双方数据。

早期，国外一些著名社交网站的 Android 客户端的登录会话没有加密。后来出现了黑客工具 FaceNiff，专门嗅探这些会话并进行劫持（它甚至支持在 WEP、WPA、WPA2 加密的 Wi-Fi 网络上展开攻击）。这是目前所知的唯一一个公开攻击移动软件漏洞的案例。

这类问题的解决方法很显然：禁止明文传输敏感数据，传输必须加密。对敏感数据采用基于 SSL/TLS 的 HTTPS 进行传输。必须对 SSL 通信检查证书有效性。在 SSL/TLS 通信中，客户端通过数字证书判断服务器是否可信，并采用证书中的公钥与服务器进行加密通信。

然而，有开发者在代码中不检查服务器证书的有效性，或选择接受所有的证书。例如，开发者可以自己实现一个 X509TrustManager 接口，将其中的 checkServerTrusted() 方法实现为空，即不检查服务器是否可信；或者在 SSLSock- etFactory 的实例中，通过 setHostnameVerifier(SSLSocketFactory.ALLOW_ALL_HOSTNAME_VERIFIER)，接受所有证书。做出这两种选择的可能原因是，使用了自己生成了证书后，客户端发现证书无法与系统可信根 CA

形成信任链，出现了 CertificateException 等异常。

这种做法可能导致的问题是中间人攻击。

在钓鱼 Wi-Fi 网络中，同样地，攻击者可以通过设置 DNS 服务器使客户端与指定的服务器进行通信。攻击者在服务器上部署另一个证书，在会话建立阶段，客户端会收到这张证书。如果客户端忽略这个证书的异常，或者接受这个证书，就会成功建立会话、开始加密通信。但攻击者拥有私钥，因此可以解密得到客户端发来数据的明文。攻击者还可以模拟客户端，与真正的服务器联系，充当中间人做监听。

解决问题的一种方法是从可信 CA 申请一个证书。但在移动软件开发中，不推荐这种方法。除了申请证书的时间成本和经济成本外，这种验证只判断了证书是否 CA 可信的，并没有验证服务器本身是否可信。例如，攻击者可以盗用其他可信证书，或者盗取 CA 私钥为自己颁发虚假证书，这样的攻击事件在过去两年已有多次出现。

事实上，移动软件大多只和固定的服务器通信，因此可以在代码中更精确地直接验证某张特定的证书，这种方法称为“证书锁定”（certificate pinning）。实现证书锁定的方法有两种：一种是前文提到的实现 X509TrustManager 接口，另一种则是使用 KeyStore。具体可参考 Android 开发文档中 HttpsURL Connection 类的概览说明。

避免使用短信注册账户或接收密码。

也有软件使用短信进行通信，例如自动发送短信注册、用短信接收初始密码、用短信接收用户重置的密码等。

短信并不是一种安全的通信方式。恶意软件只要申明了 SEND_SMS、RECEIVE_SMS 和 READ_SMS 这些权限，就可以通过系统提供的 API 向任意号码发送任意短信、接收指定号码发来的短信并读取其内容，甚至拦截短信。这些方法已在 Android 恶意代码中普遍使用，甚至 2011 年就已出现拦截并回传短信中的网银登录验证码（mTANs）的盗号木马 Zitmo。

因此，这种通过短信注册或接收密码的方法，可能引起假冒注册、恶意密码重置、密码窃取等攻击。此外，这种与手机号关联的账户还可能产生增值服务，危险更大。

3.密码和认证策略

禁止明文存储和编码存储密码。

许多软件有“记住密码”的功能。如果开发者依字面含义将密码存储到本地，可能导致泄漏。

另外，有的软件不是直接保存密码，而是用Base64、固定字节或字符串异或、ProtoBuf等方法对密码编码，然后存储在本地。这些编码也不会增加密码的安全性。采用smali、dex2jar、jd-gui、IDA Pro等工具，攻击者可以对Android软件进行反汇编和反编译。攻击者可以借此了解软件对密码的编码方法和编码参数。

较好的做法是，使用基于凭据而不是密码的协议满足这种资源持久访问的需求，例如OAuth。

避免对外服务的弱密码或固定密码。

另一种曾引起关注的问题是，部分软件向外提供网络服务，而不使用密码或使用固定密码。例如，系统辅助软件经常在Wi-Fi下开启FTP服务。部分软件对这个FTP服务不用密码或者用固定密码。在开放或钓鱼的Wi-Fi网络下，攻击者也可以扫描到这个服务并直接访问。

还有弱密码的问题。例如，早期Google钱包的本地访问密码是4位数字，这个密码的SHA256值被存储在内部存储中。4位数字一共只有10000种情况，这样攻击软件即便是在手机上直接暴力破解，也可以在短时间内获得密码。

不要使用IMEI或IMSI作为唯一认证凭据。

IMEI、IMSI是用于标识手机设备、手机卡的唯一编号。如果使用IMSI或IMEI作为用户认证的唯一凭据，可能导致假冒用户的攻击。

首先，应用要获取手机的IMEI和手机卡的IMSI并不需要特殊权限。事实上，许多第三方广告回传它们用于用户统计。其次，得到IMEI或IMSI后，攻击者有多种方法伪造成用户与服务器进行通信。例如，将原软件重打包，使其中获取 IMEI、IMSI 的代码始终返回指定的值；或修改 Android 代码，使相关 API 始终返回指定的值，编译为 ROM 在模拟器中运行；甚至可以分析客户端与服务器的通信协议，直接模拟客户端的网络行为。

因此，若使用 IMEI 或 IMSI 作为认证的唯一凭据，攻击者可能获得服务器中的用户账户及数据。

（三）iOS 平台安全开发技术

1.数据存储

对开发者来说非常重要的一点是要知道哪些数据需要在应用本地存储。坦率地说，存储在应用本地的数据都是不安全的。在敏感数据的输入控件中不应使用键盘缓存。

重要数据如密码、会话 ID 等绝不要存储在设备上。

如果别无它法，那么应该存在 keychain 中。这是因为只要这个设备不越狱，攻击者不能从 keychain 中找出这些数据。因为超过 70%的人都已经把他们的设备升级到了 iOS 7，并且目前 iOS 7 还不能越狱，你能确定攻击者目前将不能够从 keychain 中获取数据。有人可能会说把数据保存到 keychain 不像把数据保存到 NSUserDefaults 那么简单。不过我们能够使用第三方封装的代码使得这个过程变得极其简单。如下演示了如何使用 PDKeychainBindings 这个 wrapper，展示了把数据保存到 keychain 中是多么的简单。下面就是用这个 wrapper 来把数据保存到 keychain 的代码示例。

```
PDKeychainBindings *bindings = [PDKeychainBindings sharedKeychainBindings];
[[[Model sharedModel] currentUser] setAuthToken:[bindings objectForKey:@"authToken"]];
```

不过，请注意在越狱设备上，keychain 中的信息并不安全。一个可取的方法就是在把字符串保存到 keychain 之前，先用你自己的加密方法加密一下。这样就有更高的安全性，因为即使攻击者从 keychain 中拿到这个加密字符串，他也不得不先解密这个加密后的字符串。

绝对不要把机密信息如密码，认证令牌等信息保存到 NSUserDefaults，这是因为所有保存到 NSUserDefaults 的信息都是以未经加密的格式保存在一个 plist 文件的，位于你的应用程序 bundle 的 Library -> Preferences -> $AppBundleId.plist。任何人都能够使用工具如 iExplorer 来窥视你的应用程序的 bundle，然后得到这个 plist 文件，即使你的设备未越狱。

绝对不要把机密信息如密码等信息保存到 Plist 文件，因为即使在未越狱设备上要获取这些 plist 文件也非常容易。所有保存到 plist 文件的内容都是以未加密的格式保存的。

Cora Data 文件同样是以未加密的数据库文件保存在应用程序 bundle 的。Core Data framework 内部使用 Sql 查询来保存数据，因此所有文件都是.db 文件。非常容易就能把这些文件复制到电脑上，然后用工具如 sqlite3 就能查看这些数据库文件中的所有内容。

2.网络通信

发布应用的时候不要允许使用自签名证书。

大多数开发者在 debug 模式的时候会允许自签名证书，但是发布应用的时候，这一点要避免。

不要使用设备唯一的参数来决定会话 ID、认证令牌等。

不要使用设备唯一的参数，如 MAC 地址、IP、UDID 来决定会话 ID，认证令牌等重要的标识符，因为攻击者可以容易地获取。

认证和授权放在后台处理。

所有重要的决定，比如认证和授权应该放在后台。请记住攻击者能够在运行时操纵你的应用。

应当在客户端和服务端都做适当的输入验证。

攻击者能够使用 Burpsuite 等攻击软件更改请求。非常重要的一点就是验证发到后台的参数，避免任何形式的注入攻击。

3.密码与加密

在保存重要文件之前先加密，要加密这些文件，你不必是一位密码学专家。有许多的第三方库能够为你完成这个工作。使用 RNCryptor（可以从 github 下载）来加密图片并保存到应用沙盒。

UIImage *imageToEncrypt = [UIImage imageNamed:@"SomeImage"];

NSString *imagePath = [NSHomeDirectory() stringByAppendingPathComponent:@"Documents/encryptedImage.png"];

NSData *data = UIImagePNGRepresentation(fetchedImage);

NSError *error;

NSData *encryptedData = [RNEncryptor encryptData:data withSettings:kRNCryptorAES256Settings password:@"ABC123" error:&error];

[encryptedData writeToFile:imagePath atomically:YES];

若要加密 SQLite 文件，应当考虑用 SQLCipher。

用来输入密码的 TextFields 应用使用 Secure 选项。

如果不使用 Secure 标签的话，iOS 通常会缓存你输入到 textfields 的东西。请同时也禁用这些 TextFields 的 AutoCorrection。

4.App 发布时禁用自签名证书

APP 发布时禁用自签名证书。

在 App 发布时，禁用自签名证书，使用购买的 SSL 证书，因为自签名证书不安全，原因有三：

（1）自签证书最容易受到 SSL 中间人攻击。

（2）自签证书支持不安全的 SSL 通信重新协商机制。

（4）自签证书证书有效期太长。

5.其他技术注意事项

应用进入后台的时候应该清除剪贴板。

你可以在 AppDelegate 的-(void) applicationDidEnterBackground: (UIApplication *) application 添加下面的代码。如果你使用自定义的剪贴板，用自定义的剪贴板替换[UIPasteboard generalPasteboard] 。

```
- (void)applicationDidEnterBackground:(UIApplication *)application
{
// Use this method to release shared resources, save user data, invalidate timers, and store enough application state information to restore your application to its current state in case it is terminated later.
// If your application supports background execution, this method is called instead of applicationWillTerminate: when the user quits.
[UIPasteboard generalPasteboard].items = nil;
}
```

使用 URL schemes 做些重要事情的时候要增加提示或者验证。

我们知道任意应用都能注册一个 URL Scheme。例如 Skype 应用能够注册 URL Scheme skype://，并且任意应用都能用参数调用这个 url。这就使得应用之间能够通信。在之前，Skype 有一个漏洞，使得任意用户都能使用如下的 url，skype://123123123?call，呼叫任何人。因为 Skype 呼叫之前并没有提示用户，这些就被直接发送出去了。在真正发出呼叫之前，提示一下用户会更好一些。URL shceme 的输入也同样需要被验证。你可以把验证放在 AppDelegate 的-(BOOL)application:(UIApplication)application handleOpenURL:(NSURL)url 中。

```
- (BOOL)application:(UIApplication *)application handleOpenURL:(NSURL *)url {
//Validate input from the url
return YES;
}
```

阻止调试器附加到应用上。

请记住只要有你应用的二进制文件的拷贝，那一切都在攻击者控制之中。因此要使得攻击者分析的过程变得尽可能的难。其中一个方法就是阻止调试器附加到应用上。如下所示，你的 main.m 文件看起来应该像这样。

```
//
//  main.m
//  Test
//
//  Created by Prateek Giachandani on 11/9/13.
//  Copyright (c) 2013 Test. All rights reserved.
//

#import <UIKit/UIKit.h>
#include <sys/ptrace.h>

#import "AppDelegate.h"

int main(int argc, char * argv[])
{
#ifndef DEBUG
    ptrace(PT_DENY_ATTACH, 0, 0, 0);
#endif
    @autoreleasepool {
        return UIApplicationMain(argc, argv, nil, NSStringFromClass([AppDelegate class]));
    }
}
```

这将阻止调试器，同时这将会阻止攻击者附加到你的应用上。

有些应用使用 UIWebView 来展示来自 URL 的内容。UIWebViews 也支持 javascript，而且目前没有公开的 API 来禁用 UIWebView 中的 javascript。因此，如果用户控制的任何输入被用作 UIWebView 的内容，它就可能被操纵在运行时在 UIWebView 中执行 javascript 代码。即使这个输入不受用户控制，攻击者也能够在运行时操纵添加到 UIWebView 的内容，因此执行他想执行的任意 javascript 代码。因为苹果所加的限制，开发者对此能做的也不多，开发者应该通过如下方法来确保加载进 UIWebView 的内容不是恶意的：

（1）通过 HTTPs 加载数据。

（2）确保 UIWebView 的内容不依赖于用户的输入。

（3）通过 NSData 类提供的 dataWithContentsOfURL 函数来验证 URL 的内容。

第五节　开源及第三方软件安全

一、开源软件安全使用规范标准

（一）开源软件安全使用规范概要

造成软件在使用过程中出现安全问题的主要原因为软件的使用不当。软件的使用不当会触发软件的安全漏洞，不法分子可利用安全漏洞实施各种攻击。

通过开源软件的安全使用规范和安全漏洞监测管理技术，全方位地排查和管理开源软件的信息安全问题，辅助性地提供解决方案，降低开源软件出现安全漏洞问题的概率，从而有效抵御不法分子的攻击。还可以通过管理开源软件的安全漏洞，进一步预测漏洞可能带来的安全问题，增强风险的可控性。

（二）开源软件安全使用规范综述

开源软件的安全使用规范主要是以规范、标准的操作流程为标准化手段，规范化、标准化开源软件的使用流程和操作步骤，目的在于保护开源软件信息资产的安全。应用标准化的手段，有效地处置和管理开源软件中的安全漏洞。分析开源软件信息资产的保护要求，并按要求采取适当的控制措施，确保这些开源软件信息资产的安全性，助力开源软件安全使用规范工作的成功实施。下列基本原则也有助于开源软件安全使用规范工作的成功实施：

（1）意识到漏洞管理的重要性。

（2）分配开源软件安全使用的责任。

（3）涵盖管理者的承诺和利益相关方的利益。

（4）提升社会价值。

（5）通过评估漏洞风险来确立相应的控制手段，从而使漏洞的风险降低到可接受的程度。

（6）将安全作为信息系统的基本要素。

（7）主动防范和发现漏洞风险事件。

（8）确保漏洞管理方法的全面性。

（9）持续评估漏洞管理，并适时地管理漏洞。

（三）开源软件安全使用规范流程

（1）在安装开源软件前必须确认版本信息，确认开源软件是否来自官方发布的版本。对开源软件的获取、维护活动、遗留系统的变更都应该进行软件安全评估及计划，并进行安全计划评审，以确保开源软件安全计划得到正确的实施。

（2）开源软件安全管理人员应在开源软件安全计划中记录开源软件的安全计划编制信息，如果该计划被记录在多个文档中，那么每个计划都应包含对相关计划中的安全活动的交叉引用。

（3）安装开源软件后，必须通过开源环境漏洞检测流程，全面扫描开源软件的漏洞，并得出结果报告。报告由相关安全管理人员审查后给出建议并归档。

（4）在开源软件的使用过程中，每一次的版本变更，都必须检测开源环境的漏洞，并使检测结果生成检测报告。

（5）开源软件所安装、调试的系统环境必须长期处于开源环境漏洞检测工具的监控之下，私自卸载、改装、屏蔽等影响检测开源软件环境漏洞的行为均属于违规行为。

（6）检测开源软件所产生的漏洞结果报告，必须由专人负责统计和管理，再由专业人员进行评估，并第一时间提交给有关部门的负责人。

（7）在开源软件的使用过程中，开源软件产生的漏洞必须尽快根据漏洞结果报告的建议进行修复，负责人有义务监督并管理整个漏洞的修复过程。

（8）必须定期检查开源软件的运行状况、定期调阅软件运行日志记录，备份数据和软件日志。

（9）禁止在服务器上进行试验性质的软件调试，禁止在服务器中随意安装软件。若需要对服务器进行配置，则必须在其他可进行试验的机器上调试并确认可行后，才能对服务器进行配置。

（10）更改、调试开源软件时，应先发布通知，并且应有充分的时间、方案、人员准备，才能更改、调试开源软件。

（11）若要更改开源软件的配置，则应先形成方案文件，经过讨论确认可行后，再由具备资格的技术人员进行更改，并应做好详细的更改和操作记录。更改、升级、配置开源软件之前，应对更改、升级、配置所带来的负面后果做好充分的准备，必要时应备份原有软件系统和落实好应急措施。

（12）不允许任何人员在服务器等核心设备上进行与工作范围无关的软件调试和操作。未经允许，不得带领他人进入机房，不得对网络及软件环境进行更改和操作。

（13）开源软件应按照实际情况设置登录策略，开源软件应具备防范暴力破解、攻击账户的能力。

（14）应严格遵守张贴于相应位置的安全操作、警示及安全指引。

二、第三方软件安全

所谓第三方软件指的是该非线性编辑系统生产商以外的软件公司提供的软件。第三方软件大都不能直接与非线性卡挂靠进行输入/输出，但可以对已进入硬盘阵列的视、音频素材进行加工处理和编辑，或者制作自己的二维和三维图像再与那些视频素材合成，合成后的作品再由输入/输出软件进行输入/输出。这些软件的品种非常丰富，功能十分强大，有些甚至是从工作站中转移过来的。可以说，非线性编辑系统之所以能做到变幻莫测、吸引众人视线的效果，完全取决于第三方软件。

（一）软件范围

首先我们可以试着找到第一方软件，就是我们所说的官方软件。就微软开发的 windows 操作系统而言，官方就是微软，在这个操作系统上，所有微软开发的软件我们都可以称之为官方软件，但有很多软件是我们使用者需要的但微软又没有提供的，这时候就催生了另一个团体，也就是“第三方”，他们开发了更加适合我们使用的软件，于是就把软件子随父姓命名为“第三方软件”。

操作系统虽然也是一个软件，但我们通常理解为软件平台，很多软件就是基于这样的平台来开发的，那么是不是所有的软件都被称为第三方软件呢？答案肯定不是这样的。笔者认为，是谁开发了这个软件，那么谁就是这个软件的官方。比如游戏软件，这些游戏的开发者就是官方，那么游戏的外挂就是第三方。这样的话，我们在这其中经常看到的一些插件，也可以理解为是第三方软件。

“第一方”“第二方”之间的关系是紧密相连的。比如 windows 操作系统是微软官方的，游戏是运行在这个操作系统上的。当我们玩游戏的时候就组成了“第一方”和“第二方”。这时候游戏官方相对微软官方来讲和玩家的关系更密切，这时候我们说的官方就只是指游戏官方，是“第一方”，此时的玩家是“第二方”。

第三方软件通常是由独立的科技公司或个人开发并发放使用的。

（二）第三方软件信息安全测评服务范围

第三方软件信息安全 cnas 资质测评服务范围：

1.信息安全风险评估

依据《信息安全技术　信息安全风险评估规范》（GB/T 20984—2022），通过风险评估项目的实施，对信息系统的重要资产、资产所面临的威胁、资产存在的脆弱性、已采取的防护措施等进行分析，对所采用的安全控制措施的有效性进行检测，综合分析、判断安全事件发生的概率及可能造成的损失，判断信息系统面临的安全风险，提出风险管理建议，为系统安全保护措施的改进提供参考依据。

2.渗透测试

渗透测试是一种信息安全测试服务，是在经过用户授权批准后，由信息安全人员通过攻击者的视角，模拟攻击者的技术和工具来尝试攻击信息系统的一种测试服务。它用攻击来发现目标网络、主机和信息系统中存在的漏洞，从而帮助用户了解、改善和提高其信息安全水平。

3.安全漏洞扫描测试

安全漏洞扫描测试的内容包括：（1）软件的安全漏洞；（2）系统的安全漏洞；（3）数据库的安全漏洞。此测试主要监控扫描应用软件、数据库、数据库服务器、中间件服务器和 Web 服务器等。

4.代码审计

代码审计是一种以发现程序错误、安全漏洞和违反程序规范为目标的源代码分析。通过工具扫描软件、人工复查确认问题路径等方式进行测试。

第五章　新时代网络安全运维体系建设

第一节　安全运维概述

一、安全运维的概念

运维指对大型组织已经建立好的网络软硬件的维护，是保障企业安全的基石，不同于 Web 安全、移动安全或者业务安全，运维环节若出现问题，往往会比较严重。

一方面，运维环节出现的安全漏洞危害比较严重，运维服务位于底层，涉及到服务器、网络设备、基础应用等，一旦出现安全问题，会直接影响到服务器的安全；另一方面，一个运维漏洞的出现，通常反映了一个企业的安全规范、流程出现了问题，或者是这些安全规范、流程的执行出现了问题，这种情况下，可能很多服务器都存在这类安全问题，也有可能这个服务器还存在其他的安全运维问题。

二、安全运维的工作分类

运维工作主要分为以下几个方面：

（一）安全设备运维

安全设备运维包括安全设备的配置、备份、日常巡检等工作。很多甲方因为人力的原因很难将这部分工作做起来，例如，对于防火墙、入侵检测系统、堡垒机、企业杀毒软件等安全设备的日常配置，因为业务需求，所以企业能及时做到，安全设备日志审计却因为各种原因很难做成。

（二）安全资产管理

通常安全资产管理由甲方的 IT 运维部门负责，有正常的流程支持 IP 资产上线，但大多情况下，研发、测试或运维都有可能部署 IP 资产，因此实际上线的 IP 资产比较混乱，另外，由于上线时间较长，IP 设备的业务负责人可能也不清楚具体情况，也存在只有业务人员知道操作系统的登录密码而运维工程师却不知道的情况。

笔者认为，安全资产管理属于安全技术运维的重要部分，安全资产发现又是安全资产管理的重要部分，另外还有 IP 设备的管理，包括漏洞管理、补丁管理、杀毒软件管理、主机入侵检测管理。由此需要与甲方各个部门进行沟通，在没有考核的情况下这部分工作很难做好。此外，还需要进行业务分级、资产分级，不同级别的资产需要采用不同级别的防护。

（三）软件安全开发生命周期

安全部门完全参与软件开发的需求阶段、设计阶段、实施阶段、验证阶段、发布阶段、支持和服务阶段。这部分的主要工作为培训、代码审计和渗透测试。需要有适合自己组织的安全开发培训材料和资料（知识库），需要有适合自己组织的安全开发流程，在业务上线的早期就参与进去。这部分工作的主要阻碍是业务的时间要求、安全人员的能力等，这也是甲方安全工作的重要部分，做得好和不好，对结果影响很大。

（四）迎检工作和重大社会活动的安全保障工作

迎检工作和重大社会活动的安全保障工作占组织安全运维工作的很大一块比例，与安全管理工作有比较多的联系。如果安全部门有完善的、适合自己组织的制度、流程及正常的记录文件，就可以减少迎检时的工作量；如果没有完善的制度、流程或者制度、流程执行得不规范，每次迎检就需要提前做好大量工作，且效果还不一定好。因而对于重大社会活动期间的安全保障工作，安全部门应结合安全事件演练和应急响应，做好一套完善的流程和规范。

（五）安全事件演练应急响应工作

对于安全事件演练和应急响应工作，安全部门应制订标准化的安全事件演练和应急响应流程，以便在遇到突发安全事件时，能知道该怎么处理。

（六）安全管理工作

安全管理工作包括安全策略、安全制度、安全规范、安全流程、安全标准、安全指南、安全基线等所有与安全管理相关的文档制定、版本修改，并需要监督执行情况。这部分工作应参考 ISO27000 系列标准，要求制定的文档要适合自己组织的实际情况，否则很难落实。此外，安全意识培训也可以算作安全管理工作，可以采取不限于培训的多种方式进行意识培养。

（七）业务安全

需要安全部门梳理和熟悉自己组织的实际业务流程，可以通过头脑风暴的方式识别潜在的风险点，寻找识别风险的方法以及避免风险的措施，可能需要构建、开发相应的支持系统。

（八）外联

闭门造车是不行的，总会有安全部门处理不了的情况，这时候就要看外部资源是否丰富了，起码要找到能处理该问题的专家。安全部门需要参与外部的一些安全会议、安全沙龙，有条件的话，可以请相应行业的专家在组织内部进行培训。另外，安全部门可以寻求政府类的安全专家，以了解和熟悉国家的政策要求，在迎检时也能提前做好准备。部分威胁情报也可以通过外联获得。

三、安全运维的系统（软件）支持

结合第一部分的安全运维工作内容，如果想要节省人力、提升工作效率、满足安全部门的需求，不免要购买相应产品和自开发相关的安全程序。假设基本安全产品（盒子）已经部署，以下为提升安全部门工作能力可能需要增加的系统，也可以作为开发系统的参考。

（一）资产发现系统

有自主研发能力的首选使用 Masscan、Nmap 等带自开发 UI 的资产管理程序；如果缺少自主研发能力，则可以使用 IVRE 通过主动扫描和流量分析两种方式识别 IP 资产；如果部署了比较好的运维管理系统，也可以通过运维管理系统识别 IP 资产。

（二）漏洞管理系统

漏洞管理系统分两类：主动漏扫，如 OpenVAS、绿盟极光、Nessus 等；通过主机应用版本库识别，如 Vuls。

（三）主机入侵检测扫描漏洞系统

比较常见的是 OSSEC，具有主机入侵检测、文件完整性检测、Rookit 检测的功能。新版本 OSSEC 的日志可以直接设置成 json 格式，输出到 ELK 很方便。

（四）补丁管理系统

通过运维系统批量部署补丁可能会方便些，如 SaltStack、Puppet 等系统。

（五）流量分析系统

Bro 安全监视器，是一款被动的开源网络流量分析器，可以分析所有流量数据，如获得 HTTP 请求的 POST 数据，对于有威胁情报的插件，也可以直接分析流量获得威胁情报事件。

网络入侵检测系统，从设备上也能获得安全事件日志，开源的如 Snort 和 Suricata。

DDoS 监控，如 FastNetMon，进行实时流量探测和分析，比较适用于纯运维工作。

（六）日志管理系统

日志管理系统的部署或开发思路可以参考 OSSIM（开源安全信息管理系统），首先分析需要收集哪些日志，哪些日志可以做关联，通过这些日志能分析出哪些安全事件，其他安全事件怎么处理。

能收集的日志参考：安全设备日志；Web 日志；主机入侵检测日志；主机操作历史日志；主机应用日志；业务日志（如登录事件、关键业务操作事件）等，可以设置查询 ELK 的条件，并能发送邮件告警。

（七）安全开发生命周期系统

静态代码自动化安全测试平台，如 SonarQube、Find Security Bugs 等，开源，可以和研发现有的 Jenkins、Git、SVN 集成在一起，Cobra 工具也不错。

动态应用程序自动化安全测试平台，如 OWASP ZAP、Arachni、AWVS、ThreadFix 等，部分开源，可以和研发现有的 Jenkins、Git、SVN 集成在一起。

第三方依赖安全扫描工具，如 OWASP Dependency Check 等，免费，可以和研发现有的 Jenkins 集成在一起。

移动 APP 漏洞自动化检测平台，如 MobSF、Inspeckage 等，开源，可执行静态代码检测和动态代码检测。

主要目的是通过自动化完成一部分安全测试工作，加快开发部署的速度。

（八）知识库系统

安全部门的各种制度、漏洞的修复方法、内部培训资料等所有安全文档可以集成到一个合适的知识库平台，方便组织所有人员使用，也能减少人员离职导致的各种问题。需要做好权限分配，明确哪些可以公开、哪些只能部分人使用。

（九）安全应急响应中心

如果有资源，最好还是部署一个安全应急响应中心，这可以帮助热心群众在发现问题时能把漏洞提交到平台上，使漏洞更容易被处理，此时可以给发现者一些奖励鼓励。

（十）基于 OpenResty 的 Web 应用安全防护系统（WAF）

方便部署，方便配置检测和阻断规则，可以作为业务安全防护的补充，需要一些开发量。

四、安全运维的一般过程

安全运维活动主要包括日常运维、应急响应、监管评估和优化改善四个环节。

（一）日常运维

日常运维指定期地对信息系统涉及的物理环境、网络平台、主机系统、应用系统和安全设施进行日常维护，检查其运行状况、相关告警信息，并提前发现并排除网络、系统潜在的故障隐患，以确保设备始终处于稳定工作状态，并对出现的软、硬件故障进行统计记录，以减少故障修复时间。

（二）应急响应

1.对象

计算机网络安全事件应急响应的对象是计算机或网络所存储、传输、处理信息的安全事件，安全事件可能来自自然界、系统自身故障、安全部门内部或外部的人、计算机病毒或蠕虫等。按照计算机信息系统安全的三个目标，可以把安全事件定义为破坏信息或信息处理系统 CIA 的行为。

（1）破坏保密性的安全事件：比如入侵系统并读取信息、搭线窃听、远程探测网络拓扑结构和计算机系统配置等。

（2）破坏完整性的安全事件：比如入侵系统并篡改数据、劫持网络连接并篡改或插入数据、安装特洛伊木马（如 BackOrifice2K）、计算机病毒（修改文件或引导区）等。

（3）破坏可用性的安全事件（战时最可能出现的网络攻击）：比如系统故障、拒绝服务攻击、计算机蠕虫（以消耗系统资源或网络带宽为目的）等。

此外，应急响应的对象还有：

（4）扫描：包括地址扫描和端口扫描等，指在侵入系统中寻找系统漏洞。

（5）抵赖：指一个实体否认自己曾经执行过的某种操作，比如在电子商务中，交易方之一否认自己曾经定购过某种商品，或者商家否认自己曾经接受过该订单。

（6）垃圾邮件骚扰：垃圾邮件指接收者没有订阅却被强行塞入电子邮箱的广告等邮件，不仅耗费大量的网络与存储资源，也浪费了接收者的时间。

（7）愚弄和欺诈：指散布虚假信息造成的事件，比如曾经有几个组织发布应急通告，声称出现了一种可怕的病毒“Virtual Card for You”，大量惊慌失措的用户删除了硬盘中很重要的数据，导致系统无法启动。

2.主要意义

应急响应的工作应该主要包括两个方面。

第一，未雨绸缪，即在事件发生前做好准备。比如风险评估、制订安全计划、组织安全意识的培训、以发布安全通告的方式进行预警，以及其他防范措施。

第二，亡羊补牢，即在事件发生后采取的措施，其目的在于把事件造成的损失降到最低。比如事件发生后的系统备份、病毒检测、后门检测、清除病毒或后门、隔离、系统恢复、调查与追踪、入侵者取证等一系列操作，这些行动措施可能来自于人，也可能来自于系统。

以上两个方面的工作是相互补充的。首先，事前的计划和准备为事件发生后的响应动作提供了指导框架，否则，响应动作将陷入混乱，这些毫无章法的响应动作有可能造成更大的损失；其次，事后的响应可能会反映出事前计划的不足，安全部门可以从中吸取教训，进一步完善安全计划。因此，这两个方面的工作应该形成一种正反馈的机制，并据此逐步完善组织的安全防范体系。

对于应急响应这一环节，日常应做好准备工作，编写应急响应预案，实施应急响应演练，准备应急响应物资，熟悉应急事件处理流程，及时整理与安全事件相关的各种信息。应急响应服务应按照准备、检测、抑制、根除、恢复、跟踪等一系列标准措施为用户提供服务。

（三）监管评估

监管评估是在运维过程中依据法律、法规、标准和规范并结合业务需求，通过对安全运维对象、安全运维活动及安全运维流程的调研和分析，对运维状态的安全合规性进行评估。对安全运维的监管评估一般是通过检查、考核和惩戒来实现的。

检查也称合规性检查，主要指依据规范，发现和查明各种危险和隐患并督促整改，可以分为自查、抽查和专项检查。考核是管控运维质量的有效措施，对运维人员、运维单位的考核，是运维考核中最重要的环节。惩戒则是指当运维人员违反安全管理规定和要求时采取的惩罚措施。

（四）优化改善

信息安全防护系统运维模式的优化思路是围绕信息安全防护系统性能管理和故障管理能力建设的需求，发挥工业部门、信息安全厂商、队属装备技术保障机构的资源优势，综合运用智能化运维系统，整合军地双方各类信息安全防护系统的运维资源，实现信息互联互通、运维资源共享、运维保障力量组织协调顺畅，提升军队信息安全防护系统的运维保障能力。信息安全防护系统运维模式优化的方法包含三个方面：

第一，运用智能化运维保障系统提升系统整体的运维效能。信息安全防护系统由网络、大规模集成电路、计算机及多种软件系统组成，对它的运维保障要采取智能化的运维系统进行快速诊断和修复，运维系统按功能划分主要包括三种类型。

（1）军地联合信息安全防护系统运维服务支撑平台：运用军事信息网络和长城互联网，将军内信息安全防护部队、科研院所以及各类地方信息安全防护系统运维服务供应商置于军地联合系统运维平台中，能够实现军内各级信息安全防护系统运维机构和地方各类型信息安全防护系统运维合同商之间信息的互联互通，形成协调一致的运维体系。可进行信息安全防护系统军地联合威胁情报的分析判断、恶意代码攻击复现和分析检测、复杂系统故障联合分析修复、软件系统升级测试及补丁等功能。

（2）交互式电子技术手册：交互式电子技术手册将系统技术资料以数字化的形式进行存储，再通过交互的方式进行查阅，通过电子屏幕将运维人员或系统操作人员所需的各种文字、表格、图像、视频等信息精确地展示在他们面前，不受地域、环境等条件制约，随时学习预览，能够准确了解系统结构组成和技术原理，提高军方运维保障能力。

（3）信息安全防护系统运维保障知识库：将信息安全防护系统相关运维知识和处理流程以适当的形式存储于计算机，建立运维保障知识库，并定期更新。它能根据运维人员输入的故障特征，采取相应的控制策略进行推理、演绎、判断和决策，提出具体故障解决方案。

第二，提升信息安全防护系统效能，建立完善的军地联合运维保障机制。优化信息安全防护系统混合运维模式。综合信息网络面临的主要威胁、可能遭受攻击的安全漏洞及威胁后果。系统运维合同商要与系统使用部队定期沟通，掌握系统装备运行状态，了解系统使用情况和存在的技术问题。听取部队使用意见和改进建议，有针对性地升级改进系统。优化应急响应机制协调机制，网络和信息系统发生安全事件时，按照分级预警程序，多方联动，逐级实施。最大限度减小危害程度。研究制订军地信息安全突发事件联合处置预案，做到预防在先、方案完备在后。实现系统预警、告警、故障处理、预案关联机制统一集成。

第三，建立规范专业、互利共赢的信息安全防护系统运维军地人才联合培养机制。信息安全防护系统运维人员是维持运维活动的主体，其能力、素质是决定其运行效能的关键因素。通过交互式电子技术手册、系统维修运维知识库和经常性军地联合运维保障活动训练，有效提升军队信息安全防护系统运维保障能力。

建立规范专业、互利共赢的信息安全防护系统运维军地人才联合培养机制由过程监控、运维评审、持续改进三个阶段构成。

过程监控的主要工作是对运维过程中人员操作行为、设备运行状况、安全事件监控和已实施的风险处置进行有效监控，从而获取安全证据，保障系统安全。

运维评审是后期阶段。运维评审阶段的主要任务是依据安全论据及证据，对监控获取的运维状况进行安全运维服务，实施有效评价，从质量控制、全生命周期过程管控、运维费用控制等方面衡量当前安全运维服务。

持续改进是针对评审过程发现的问题进行修正和改进，调整风险处置的措施，对现有运维工作的全部或部分构成重新实施，形成一个周而复始、螺旋式上升的过程。

运维安全活动是一个动态的循环系统，各个环节周而复始，并据此不断改进和提高。

信息系统安全运维中的安全运维与运维安全两种模式并非是孤立的，往往是并存的。在运维服务中，两者是融合在一起的，并能相互补充，相互促进，仅采用两种模式中的一种不足以保障信息系统整体的安全运行。

第二节　安全运维活动体系建设

一、安全运维团队建设

建设一支能够解决问题、创造价值，有活力的、不断进取的安全运维团队，并带领这支团队充分发挥优势力量，是安全运维活动有效开展的关键。安全运维策略直接体现出安全运维业务的经济价值。正确的安全运维措施、方法可以延长设备的使用寿命，充分发挥该设备、物品应有的作用，创造更高的经济价值；错误的安全运维措施、方法可能会缩短设备的使用寿命或毁坏设备，严重时会带来一场巨大的灾难。信息安全是衡量安全运维质量最重要的指标之一，只有运用有效、可行的管理、监控手段，降低安全风险，防止重要数据泄露，保障数据安全，才能保障安全运维的质量。

安全运维涉及的专业有物理安全、网络安全、数据库安全、操作系统安全和应用系统安全等。安全运维工作需要专业化人才，由于各专业化人才的知识面不一样，因而能从事安全运维工作的业务面也不一样。

（一）安全运维人员分类

安全运维人员分为驻场服务人员、场外支持人员和厂商支持人员。

1.驻场服务人员

驻场服务人员根据项目分工又分为服务台人员、日常服务工程师、应急处置工程师。

服务台人员负责受理项目进行中客户的服务申请，对已知故障、问题要快速解决，进行客户回访，安抚客户情绪，制作资产标签，统计整理数据，管理运维项目文档以及整理运维场地工作。

日常服务工程师提供日常服务，及时获得运维对象状态，发现并处理潜在的故障隐患，保障信息系统稳定、高效运行。其主要负责以下几个方面的工作：

（1）进行运维工作中的定期巡检硬件、日常维护与保养、定期对输入设备消毒除尘、张贴资产标签、维修硬件、维护终端网络、维修管理第三方设备、管理备品备件工作。

（2）对终端用户的设备进行病毒查杀工作，且按照要求每月底提交病毒处理服务统计分析报告。

（3）对各业务的系统安全实行基线管理以及配置管理，并在每月底对相关调整基线、改变配置的工作进行统计并形成报告。

应急处置工程师的日常任务是接到运维请求或故障报告后，消除系统故障，降低对系统正常工作的影响。

2.场外支持人员

为配合驻场服务，还需要提供场外支持。场外支持人员包括：项目总监、服务经理、安全评估工程师、质量管理经理等。

项目总监由技术专家担任，负责批准项目总体方案、实施计划、验收方案，必要时刻的资源统筹协调，以及与服务单位高层领导交流等。

服务经理负责运维服务团队的日常运作管理、工作安排，分析服务要求并将其分派给具体的运维工程师处理，审查、验证和评估各项运维工作的结果，并进行资产管理，审核运维文档材料，向服务单位汇报工作，调配各项资源以及投诉管理工作。

安全评估工程师负责对业务系统进行安全评估，提供调优、改进等服务，达到提高运维对象性能或管理能力的要求。

质量管理经理应按照戴明的 PDCA 循环方式，负责检查环节，充分与客户沟通，对目前的运维服务提出待改良点，督促服务改良计划的执行，同时负责运维服务全过程的质量跟踪与服务单位投诉的受理、处理、跟踪、汇报工作等。

3.厂商支持人员

对于本单位运维人员数量不足或运维技术能力不足的问题，专业厂商支持队伍对其提供了有效的保障。厂商支持人员包括项目经理、运维工程师及质量管理经理等。

项目经理负责厂商支持服务团队的日常运作管理、工作安排，分析服务要求并分派给具体的运维工程师处理，审查、验证和评估各项运维工作的结果，以及进行资产管理，审核运维文档材料，向服务单位汇报工作，调配各项资源，投诉管理工作等。

运维工程师根据项目经理对运维需求的分析结果，进行具体运维任务的处理，提供故障处理、性能调优、改进等服务，处理方式可以包括现场操作或远程支持等。

质量管理经理的工作职责同运维工程师的工作职责。

（二）安全运维团队建设

在信息化时代，企业应当将信息化运营作为一种重要的运营方式，尤其应当根据安全运维工作、安全运维人员的特点，切实做好企业安全运维团队建设工作，并应将团队服务能力的提升作为一项长期的重点工作。

1.安全运维团队的组织建设

安全运维团队成员素质高，多数是其专业领域的专家。安全运维团队的组织建设目标是提高团队成员的稳定性，提升团队的协同工作能力。在团队稳定性方面，首先，团队经理要把对团队成员的尊重贯穿在团队日常工作之中，要尊重他们的知识与技术，更应尊重他们的人格。其次，团队经理要重视团队成员的培训工作，这不仅是因为技术日新月异，只有加强培训，安全运维团队才能满足企业运营对信息化建设的要求，更重要的是通过培训，不断提升团队成员的技术素质，能持续满足团队成员自我实现的需要，从而提高他们对团队的依赖感。最后，团队经理要引导安全运维团队成员关注公司战略、参与公司各项管理活动，增强团队成员的使命感与归属感。在团队协同性方面，团队经理需要关注三个问题：一是应当根据企业信息系统应用现状，在团队内部进行适当分工，合理设置岗位，明确岗位职责，保证每个成员能够充分发挥其专业特长；二是在团队服务流程设计中要关注协同能力，关注团队内部不同岗位之间的协同工作，关注团队成员与企业内部其他组织间的沟通；三是将沟通能力的培养贯穿在日常运维工作中，通过专题培训、个案指导、分享典型案例等方式提升成员沟通能力，增强成员沟通意识。

2.安全运维团队的执行能力建设

安全运维团队的执行能力建设目标是使团队能够持续高效地完成安全运维工作的各项任务，而最终目标则是使安全运维团队发展成为一个自治理的组织。所谓自治理，是指团队成员能够在制度、流程的约束下，自主决策并自觉完成工作任务。想要达到上述目标，必须要解决团队经理在组织中的定位问题，通常认为，安全运维团队是一个技术性很强的组织，团队经理应当是各专业领域的技术带头人，可以带领、指导团队成员完成各项工作任务。事实上，由于现代企业信息化程度日益增加，专业分工日益精细，任何一个人都不可能掌握全部专业知识和技能。因而作为团队的领导者，团队经理应当注重自己的影响力。团队经理要充分了解企业信息化建设的发展方向，全面了解企业信息化建设各个专业领域的知识，熟知企业战略，熟悉所在企业的管理及业务现状，在团队成员面前树立“无所不知”的形象，通过个人魅力影响团队成员。但是在具体问题的处理过程中，团队经理要减少对团队成员工作的干预，在团队服务水平能保证业务运营的前提下，应当由团队成员自主与业务部门协商，自主决定解决方案，自主制订工作计划及工作标准。作为团队经理，其职责应当是引导、带领团队成员进行工作沟通，提醒成员遵守规则。当成员工作遇到困难时，团队经理应组织相关人员共同解决问题，在处理问题的过程中，团队经理应在分析问题、解决问题方面提供方法与工具，并引导成员使用方法、工具来自行分析、解决问题，在此过程中要注意尊重团队成员的专业能力，相信他们有能力解决专业性的问题。团队经理要通过在工作中不断强化团队成员的自主意识，从而不断提高团队成员工作的自主性，使每一个团队成员成为一个自主管理的单元，从而将团队建设成为一个自治理的组织。

3.安全运维团队的制度建设

安全运维团队经理的重要任务之一就是进行团队制度建设，安全运维制度要以团队成员共同遵守的技术规范和流程为主，只有建立完善的制度，才能保证安全运维团队的高效运作。安全运维团队的制度建设包括制度制定、制度执行监控、制度改进三个方面。制度制定由团队经理发起，要求团队全体成员参与，最终全体成员要对制度内容达成一致。制度制定完成后，团队经理负责监控成员的制度执行情况，对于制度执行中的偏差，要与有关成员一起分析其产生的原因，并提出改进措施。在制度运行一段时期以后，团队经理应根据制度运行情况，对制度进行修改、完善。

二、信息系统安全运维管理平台的有效建设

信息系统安全运维管理平台应该包括以下内容：

（一）综合监控管理子系统

综合监控管理子系统实现对信息系统安全运维管理平台基础层的路由器、安全设备、服务器、数据库、中间件及资源关联的端口、进程、日志等的全面监管，辅助管理员及时了解信息系统安全运维管理平台架构的运行情况，形成对安全事件的关联分析，支持策略管理，完成相关事件的处理流程。

（二）安全运维服务管理子系统

安全运维服务管理子系统是安全管理、日常工作和服务管理的有机结合。安全运维服务管理子系统应基于ITIL（运维管理最佳实践等）和实际管理需求，提供以服务流程管理、业务资源管理、安全管理为主的综合性管理，以保障运维管理的规范化和标准化，提升日常运维管理效能。

1.安全信息采集与分析

采集各种厂商各种类型的日志信息，针对采集的各类安全要素信息，实现性能与可用性的分析、配置符合性分析、安全事件分析、脆弱性分析、风险分析和宏观态势分析。其中，风险分析包括资产价值分析、影响性分析、弱点分析、威胁分析等；宏观态势分析包括了地址熵分析、热点分析、关键安全指标分析、业务健康度分析、关键管理指标分析等。

（1）安全事件采集：根据前期从各种网络设备、服务器、存储、应用等对象处收集的各种安全资源、安全事件、安全配置、安全漏洞、资产信息等数据，进行范式化处理，把各种不同表达方式的日志转换成统一的描述形式。

（2）安全事件分析：通过智能化的安全事件关联分析，提供基于规则的关联分析、基于情境的关联分析和基于行为的关联分析技术。管理对象的日志量和告警事件量应在应用系统拓扑图显示，用户点击拓扑节点可以查询事件和告警信息详情，可以对一段时间内的安全事件进行行为分析，形象化地展示海量安全事件之间的关联关系，从宏观的角度协助定位安全问题。安全事件以可视化视图展示，具备多种展现手段，至少包括事件拓扑图、IP 全球定位图、动态事件移动图、事件多维分析图、资产拓扑图等。

2.安全隐患预警与处置

采用主动管理方式，能够在威胁发生之前进行事前的安全管理。主要提供安全威胁预警管理、主动漏洞扫描管理、主动攻击测试等方式配合进行安全核查。通过安全威胁预警管理功能，用户可以发布内部及外部的早期预警信息，并与资产进行关联，分析出可能受影响的资产，提前让用户了解业务系统可能遭受的攻击和潜在的安全隐患。主动漏洞扫描管理，能够主动地、自动化地定期发起漏洞扫描、攻击测试等，并将扫描结果与资产进行匹配，进行资产和业务的脆弱性管理。配合安全检查管理，协助运维管理人员建立安全配置基线管理体系，实现资产安全配置检查工作的标准化、自动化，并将其纳入全网业务脆弱性和风险管控体系。

3.告警管理

为了全面收集各类事件告警，系统应提供所有事件告警的统一管理。

（1）告警内容：告警内容包含事件的节点、类型、级别、位置、相关业务等，帮助运维人员在收到故障报警时能够迅速了解故障相关的资源、人员、业务等信息，快速作出反应。

（2）告警处理系统：需要针对涉及 IT 资源环境的各业务系统进行实时

故障处理。它能从主机和业务系统的各个环节收集事件信息，通过对这些信息的过滤、处理、关联，分递给相关人员，使得最重要的故障能够优先地被关注及处理。告警消息能按照应用类别、消息种类、消息级别和处理岗位进行分类处理。消息种类可分为：操作系统、数据库、中间件、存储、硬件、应用、安全和网络等。

（3）告警发布：能对告警级别进行自定义，根据级别确定电话告警、短信告警、邮件告警的方式并进行报警。

（4）风险管理信息：安全风险管理工作是在安全信息分析与处理功能的基础上进行信息安全风险评估、信息安全整改任务等工作。信息安全风险评估指根据安全信息分析结果开展风险评估流程，将风险评估结果形成丰富而详细的图形及报表。信息安全整改指汇总信息安全风险评估信息，归并各个部门须处置的信息安全风险，进行集中处置工作并进行整改落实情况分析。

第三节　安全运维持续改进体系建设

一、运维管理持续改进理念分析

持续改进是企业连续改进某一或某些运营方式以提高顾客满意度的方法，一般步骤包括确定改进目标、寻找可能的解决方法、测试实施结果、正式实施等。企业要营造一个全员主动参与去实施改进过程的氛围和环境，以确保改进的有效结果。

运维管理技术在不断地革新，它的变化适应着企业的不断发展。自 20 世纪 90 年代以来，运维管理持续改进的思想得到了企业界的认同。在目前激烈、复杂、变幻莫测的市场环境之下，持续改进已经成为任何谋求发展的企业的永恒主题。数据中心施行运维管理的持续改进可以不断提高管理水平，使内部管理得到提升。同时也可以提高满足客户需求的能力，向客户提供更好的服务，从而在激烈的市场竞争中得到发展。数据中心实行运维管理持续改进可以通过PDCA循环来实现。PDCA循环是美国著名质量管理专家戴明首先提出的，每执行完一次PDCA循环，企业的管理水平就会在先前的水平基础上得到一定的提高，而不断地执行PDCA循环就可以使企业的管理水平形成螺旋式上升的趋势，达到不断改善管理水平的目的。在数据中心实际运维过程中，管理体系本身需要具备不断执行PDCA循环的能力，而执行PDCA循环需要两方面的条件：一方面是要建立符合PDCA原则的管理体系；另一方面是要在数据中心运维中认真执行管理体系，并实际执行持续改进。由于PDCA的持续改进循环已经在企业管理界得到广泛认同，因而目前数据中心管理所涉及的主要管理标准在设计中也融入了PDCA的管理思想。例如前面介绍的1SO9001、1SO27001、1SO20000、1so14000、BS25999标准都已经融入了PDCA的管理思想。所以按照这些管理标准建立的数据中心运维管理体系也具备了持续改进的管理基础。因此，只要数据中心的管理体系是以上述标准建立的就基本满足了第一项要求。

对于数据中心运维管理持续改进的实际运行可以通过以下几个方面进行：

（1）制定管理目标。应根据数据中心本身的特点及能力制定管理目标，管理目标不宜制定得过高，也不要制定得过低，应该是目前数据中心能力无法达到，但通过努力可以达到的目标。这样才具有持续改进的动力。管理目标不能只停留在管理层，应该被分解到基层部门，要让每个部门甚至每个人都知道自己为了实现数据中心的管理目标需要做些什么事情，自己的具体目标是什么。

（2）制订相关流程文件并执行。认真执行流程文件是PDCA过程的重要组成部分。因为流程文件是根据企业运维实际情况制定的，是企业管理经验的沉淀。每次对数据中心运维的改进最终都会被落实到流程文件的规定中。如果不能很好地执行流程文件，数据中心的持续改进就只能停留在纸面上而不能对数据中心起到真正的管理作用。

（3）对执行文件的效果、运行指标进行确认，了解客户及相关方需求，找到改善点并执行改善。收集数据中心管理需要改善的内容，可以从以下几方面着手：①执行内部审核，发现流程文件执行中的问题。②统计各类指标的完成结果，对各部门完成目标的情况进行总结。③通过客户满意度调查和客户沟通，了解客户对服务的意见。④通过与相关方的沟通，了解相关方对数据中心的要求。⑤了解业界管理动态。当数据中心收集到需要改善的内容后，就要根据自身特点和业界经验对管理进行改善，并最终落实到流程文件中。

（4）通过管理者评审，确认改善效果，修订方针、目标。当数据中心完成上述工作后，管理者需要对数据中心的实际管理情况重新进行评估，如果有必要就修订相关的方针、目标，为数据中心下一阶段的管理改进明确方向。这就是运维管理持续改进的正确思想。

二、IT 运维服务质量持续改进

（一）对客户需求与服务现状的调研和分析

任何服务质量的持续改进都是源于对客户需求的高度关注和对服务现状的调研和分析。笔者在介入本 W 公司的运维服务质量持续改进的项目之初，就将工作重点放在对客户需求的调查了解，以及对 IT 运维服务现状的调查与分析两个方面。通过与客户方和前端一线服务团队的充分交流，以及对 IT 运维服务情况的现场调研，并在此基础上进一步调阅和分析了 W 公司的招标文件、投标文件、项目合同书等关键资料，笔者了解到 W 公司在提供 IT 运维服务过程中主要存在以下四个方面的不足，需要重点进行改进，以尽快提高用户的服务体验和客户满意度：

第一，没有为客户提供针对三年服务期的一整套目标明确的工作计划和时间表；没有优化和帮助客户理清 IT 运维服务管理业务流程；在日常服务过程中没有认真落实 IT 资产管理办法，没有为客户提供一套定制的 IT 资产管理系统软件并有效使用起来，最终导致客户的 IT 资产失去应有的管理，过去一年中 IT 资产数据基本没有与实际情况同步变更，目前整个 IT 资产数据不全不实。

第二，客户需要对全区电子政务网络提供系统化的诊断和保养，解决目前该网络可靠性不高、上网速度慢的隐患，这项工作一直没有开展；客户强调提供服务的应当是一个有技术梯度的专业网络团队，而不仅仅是一名前端服务工程师，这方面的需求也没有得到满足。

第三，提供服务的 IT 服务工程师技术能力不足，一个故障要反复上门才能解决，服务只能依赖于个别技能较高的服务工程师。

第四，每月例会上客户提出的服务目标和要求尽快改进的重大问题基本无法实现，计划和执行情况的检查工作没有开展，用户的真实需求没有上传到公司，造成公司的决策偏差。

上述四个方面的问题，可以通过运维服务计划和实施方案、资产普查、IT 资产管理系统软件的定制开发与应用、专业网络团队的诊断和保养、知识管理和业务培训、团队管理、问题管理、会议管理等方法分别予以解决。但是，如果只是采取“头痛医头、脚痛医脚”的方法解决眼前的问题，也很难真正解决客户在未来可能遇到的其他问题，只有充分挖掘上述四个方面问题的根源，从根本上解决导致这些问题的本质原因，才能真正保证以后的服务能够充分满足客户的需求。

因此，笔者对造成上述问题的根本原因进行了分析，发现这四个方面的问题主要来源于两个方面：一是 W 公司对客户需求的理解偏差和与客户沟通不畅，二是 W 公司没有一整套严格的、标准化的 IT 运维服务规范和管理制度。沟通不畅和需求理解偏差，导致客户的重点需求没有得到应有的重视和满足；缺乏标准化的IT运维服务规范和管理制度，导致没能及时发现需求理解偏差，纠正、计划和检查没有开展，从而无法发挥团队能力。而这两个方面的最根本原因，则是 W 公司没有真正建立科学的标准化的 IT 运维服务管理体系。因此，笔者将本质量改进项目的工作重点放在 IT 运维服务管理体系建设方面。

（二）质量改进项目的工作计划与项目启动

在明确了本质量改进项目的工作重点以后，在着手开始质量改进工作之前，首先要得到客户和 W 公司双方领导的确认，以保证质量改进项目的工作能够真正实现对运维服务质量的改进目标。因此，笔者在前期调研和分析基础上，草拟了《运维服务质量改进工作计划书》，在征求双方领导和运维服务团队负责人等主要项目干系人的意见并获得通过后，召开了“运维服务质量改进工作”项目启动会。启动会上有客户方领导、W 公司高层领导、运维服务团队负责人（包括运维服务项目经理和 W 公司运维服务中心项目总监）、运维服务质量改进项目负责人（笔者）和其他项目干系人到会参加。通过项目启动会的召开，对本质量改进项目的项目目标和工作范围、项目组织结构、主要项目团队成员和分工、项目工作内容和工作方式、项目进度计划等内容进行了讨论和确认，从而正式将质量改进工作以项目化运作的方式确立下来，并使本质量改进项目的目标和范围得到各方面的正式确认，从而为质量改进工作的顺利开展创造了一个良好的工作环境和管理基础。根据项目启动会上确定的质量改进工作计划书，本质量改进项目的总体目标包括完善运维服务管理体系建设、IT 资产与运维管理系统软件的定制开发、IT 资产普查与资产数据库的建立和维护、网络诊断和优化及其整体解决方案的提供、加强对 IT 服务工程师的服务规范和服务技能的培训、进一步完善运维知识管理和知识库、对用户提供常用软件使用方法和常见故障处理方法的培训等七个方面。

在这七个方面的总体目标中，完善运维服务管理体系建设是重点，其他六个目标在完成相应的工作任务后，都要将其工作内容形成规范和制度，并集成到运维服务管理体系建设中去，从而保证 W 公司在今后提供运维服务的过程中，以及其他的运维服务项目中，能够始终保持改进后的服务质量，并使本项目的经验得以固化和重复使用。因此，笔者将本质量改进项目的工作重点集中在“完善运维服务管理体系建设”这个目标上，其他目标的实现则根据任务类型由其他项目干系人分工负责。例如，“IT 资产与运维管理系统软件的定制开发”由 W 公司软件研发中心负责人负责完成，“IT 资产普查与资产数据库的建立和维护”和“对用户提供常用软件使用和常见故障处理的培训”由运维服务项目经理负责完成，“网络诊断和优化及其整体解决方案的提供”由 W 公司运维服务中心二线专家团队负责，“加强对 IT 服务工程师的服务规范和服务技能的培训”和“进一步完善运维知识管理和知识库”由 W 公司运维服务中心后端的 IT 运维服务管理咨询团队负责。这样分工负责后，质量改进项目的七个目标就得以落地执行了。

（三）IT 运维服务质量持续改进

ISO 20000 系列标准以 ITIL 为技术基础，融合了 PDCA 整体框架的理念，定义了 IT 服务管理过程中的 13 个流程和相关要求，进而形成 IT 服务管理体系的概念，并讲求体系的持续改善和提高。依据标准，如何通过管控客户服务体验、客户关系、工程师技能和服务态度，以及标准化的服务流程和规范来保障服务质量的。

1.追求极致 IT 服务体验

以用户、客户的服务体验为中心衡量基线，提供的 IT 服务是面向用户、客户的，因此，所谓的 IT 服务质量肯定是以客户的体验和感受为依据，说白了就是如果用户认可你的服务，那么服务的目标基本上就达到了，自然就可以认为我们提供的服务质量是令用户满意的。在主观上，IT 运维公司是围绕客户做好了以下几点。

（1）维护良好的客户、用户关系

在这里提到的用户关系指通过对用户的尊重、站在用户的角度去考虑问题、积极主动地帮助用户解决问题、成为用户核心业务支撑上的强大后盾等多种方式建立起来的真正意义上的用户关系。以区域和城市为中心，由区域总经理牵头客户服务部门、技术服务部门以及销售部门，多层次地与用户建立良性优质用户交互关系，其中的每个成员也为这种良性关系不断添加正面积累。

（2）保持热情的服务态度

服务态度应贯穿于到每一次的服务过程。建立、维护用户关系过程中非常重要的一点就是服务态度。服务态度应热情：对用户热情，有问必答，不可爱搭不理、没精打采、心不在焉。服务态度应诚恳：对用户诚恳，坦诚相待，特别是在服务过程中出现失误和损失时积极主动地给用户提供解决问题的方案，多做一些本职工作以外的事，解决用户的问题，满足用户需求。重视服务态度的原因是，服务态度对服务质量的影响远远超出服务过程的技术，举一个简单的例子，在用户不紧急、对用户影响不大的 IT 环境中，即使提供服务的工程师经验和水平有限，但是由于其热情、诚恳端正的服务态度，用户也不会太责难他，甚至有的用户会安慰工程师，给他足够的时间，帮助他协调各种资源来尽快解决遇到的问题，最终虽然解决的时间比预期的长，但用户对服务质量的主观感受也不会很差，这就是良好的服务态度从中起到的作用。

（3）沟通并与用户达成一致

主要针对验收标准、免责条款达成一致意见。服务的特性决定了其没有直观的、统一的质量验收标准。信息系统存在自己的复杂性，而与用户核心业务系统的正常运转的关联因素非常多，有时并不是一次性的 IT 服务就一定能够解决的，可能需要升级其他的 IT 服务项目或购买相应的设备才能解决。因此，我们会在提供 IT 服务之前与用户做全面的沟通和交流，一起就 IT 服务产品的验收标准和免责条款达成一致，并签署相应的 IT 服务合同。考虑到用户只关心服务交付过程中可能产生的业务影响，以及最终结果，不关心具体实现细节以及 IT 服务的专业性，我们一般将 IT 服务的实施效果作为 IT 服务的验收标准，比较常见的衡量指标有服务响应时间、网络恢复时间、业务恢复时间、服务完成时间、一次性问题解决率等。在客观上，同创双子通过以下几点要求来保障服务质量：

①专业能力：要实现高质量的 IT 服务，工程师必须具备专业水准，提供具体服务的工程师的专业技术能力高低决定了我们为用户提供的服务所能达到的效果。同创双子对区域 IT 运维服务团队成员内部的选拔、培训、淘汰、激励等投入了大量的精力。这是保证 IT 服务团队具备高超专业技术能力的基础。没有高超的专业技术能力，服务质量就无法保证。

②标准流程：这里的标准流程主要指服务的标准流程和内部的工作流程两方面。服务流程标准化的好处是可以大大减少服务质量的偏差，试想一下，如果甲工程师按照其个人的习惯为用户提供某个 IT 服务，乙工程师也按照自己

的一套方式为用户提供 IT 服务，即使甲乙两人最终都可以完成各自的 IT 服务过程，但是整个服务质量却会因个人的经验、技术能力、工作习惯等差异的影响而出现较大的偏差，这些都是影响 IT 服务质量的不可控因素。服务流程标准化之后，提供具体 IT 服务的人员全部按照标准化的服务流程按部就班地为用户提供 IT 服务，可以大大减小这些不可控因素对服务质量的影响。不断完善标准化的服务流程还可以大大提高服务的效率，让经验不足的工程师在提供服务的过程中少走弯路。

另一个标准流程主要指 IT 服务团队内部的工作流程标准化，包括 IT 服务请求的受理、服务过程的状态监控、状态通告、服务升级、服务评价、投诉等。

2.工程师的考核和 KPI

为用户提供的每个具体的 IT 服务都应该在经过检验后纳入服务团队内部考核之中。针对服务质量的检验主要指用户检验和内部检验两种，用户检验可包含用户对服务提供者的服务态度、主动性、专业性等多方面给出评价，内部检验则从用户的反馈、服务的交付物等方面对服务提供者的服务过程和质量进行检验。将用户对服务过程的检验反馈和内部对服务质量的检验结果作为团队内部考核的内容之一，这样做的目的是督促 IT 服务人员，鼓励其主动做好 IT 服务工作，提高 IT 服务的质量和用户的满意度。

3.IT 外包服务的交付物

绝大部分的 IT 服务是无形的，不像有形的 IT 产品那样，用户可以清清楚楚地看到他的机房里放着一台服务器、交换机，因此 IT 服务作为一个无形的产品，我们需要将服务的成果实体化、具体化，最为常见的形式就是服务文档。我们在每一次提供 IT 专业服务之前就应该告知用户服务后会有哪些交付物交给他，这些交付物大部分都是服务文档，这些服务文档主要包含所提供的专业服务的完成情况、给用户带来的可评估效果、给用户的改进优化建议、解决方案等，一般根据具体的 IT 服务类型提供不同内容的服务文档，这个需要结合服务团队的服务目录做一个专门的服务文档架构、设计和规划。服务文档交付物让用户直观地感受到IT服务的价值,同时也是体现服务专业性的一种方式，有些服务文档还可以作为服务团队内部的知识库。在专业的 IT 服务产品中，服务文档是不可或缺的，我们需要认真细致地对待每一个服务之后递交给用户的服务文档。IT 服务的质量保证工作应该以用户的感受为中心，服务态度为基本门槛，专业能力为基础，内部管控为根本，外部关系为升华。通过不断的完善与加强，在上述主客观、内外部的因素之间形成良性循环，不断提升 IT 服务的质量和用户的满意度。同创双子作为 IT 外包服务行业的领跑者，解决了中小企业在发展过程中因 IT 问题给企业带来的各种运营风险，并为企业提供更专业、更人性化的一站式 IT 运维服务解决方案。

第六章　新时代网络安全防护体系建设方案与新思路

第一节　新时代网络安全防护体系建设要求

如今，几乎每个人都离不开网络，网络对个人的学习、工作以及休闲娱乐意义重大。

可能很多人想不到，互联网已经诞生很多年了，但是，应该有更多的人没有意料到，互联网会像现在这样，产生如此巨大、深远的影响，改变人的生活、工作、学习，以至于生活工作的方方面面。互联网时代早期的典型产品是电子邮件，电子邮件一经面世，便以摧枯拉朽的势头，直接将延续几千年的传统通信方式打入历史的课本里。而十几年后的移动互联网，又对互联网进行了自我革命，便捷的即时通讯技术，让电子邮件的应用场景也越来越少。这就是当下时代发展变化的速度，也就是网络时代的社会变革速度。

网络已经如同水、电、燃气一样，成为人们日常生活中不可或缺的基础设施。从基础的衣食住行，到学习、就医，再到娱乐消遣、消费购物，哪一样离得开网络？有多少的事情是一部手机解决不了的？

现在 5G 正在普及当中，5G 的到来，通俗点说，就如同双向四车道的高速公路，一下子拓宽到双向三十二车道，这样的提升，直接让自动驾驶、远程医疗手术、虚拟世界等概念走进现实，也让十多年前就出现的物联网概念成为了现实。

物联网就是物物互联的意思，大到天上的卫星，小到我们使用的茶杯，都可以通过搭载传感和联网设备接入到一张网络当中，这些海量的终端带来海量的数据，这些海量的数据又经过提炼和处理，为我们提供海量的、有价值的参考。比如我们家里是一个全智能的物联网环境，我们的冰箱、厨具、空气净化设备等都是物联网设备，并且有智能化系统来管理数据，那么一旦我们生病了，医生就可以通过这些物联网设备采集处理我们的生活、饮食信息来帮助我们最快、最准确地定位病源，帮助我们更快地恢复。虽然很多数据看似无用，但是很多问题的细节就隐藏在看似无用的数据当中，以前由于条件的限制，我们生活的细节数据没有办法被记录和处理，而现在这些都已成为现实。

元宇宙是这两年新兴的概念，可以理解为互联网的第三代呈现，以增强现实、虚拟现实作为主要应用场景。在前两代的互联网浪潮里面，都是将网络作为参与者介入到人的工作生活当中，而元宇宙的概念，则是将人这个元素，置入一个全虚拟化的场景，终极的形态就是人以一种虚拟的状态，置身在一个完全虚拟的世界，但是这个虚拟的世界又可以为人提供等同于物理世界中的体验和感官，全方位地摆脱时间、空间的限制。现在，已经有一些前沿科技公司在研发相应的产品，科技狂人马斯克的脑机接口公司，已经将网络与动物的大脑进行了连接，甚至曝出有人类已经进行了相关的实验。脑机接口的愿景是在人的后脑做一个微型手术，将一个带有类似 USB 接口的芯片植入到大脑皮层，人即可通过意念来控制行为，也可通过意念进入到网络空间中，畅游网络世界。

纵观互联网发展的三个阶段，我们可以这样理解，互联网是人类第一次大限度地摆脱空间距离的限制，移动互联网是让人在时间、空间上实现更大限度的自由，而元宇宙则是实现对空间、时间的全方位的摆脱。

由于人工智能、区块链、5G、量子通信、工业互联网、大数据、云计算、物联网等具有颠覆性的战略性新技术的发展突飞猛进，网络安全未来将受到越来越多的重视，大量的社会资源和产业资源都将全面数据化，因此这必然会对网络安全提出更多的要求。

新时代有新形势新要求，要完整、准确、全面贯彻新发展理念，统筹好网络发展和安全两件大事。

一、深刻认识网络安全的整体性，统筹协调各领域各环节保障力量

当前，网络安全已经成为国家安全的重要内容，特别是随着互联网的迅速发展，网络已成为同水、电、气一样的基础设施，成为人们学习、消费及出行的重要途径。网络安全不仅涉及网络本身，对政治安全、军事安全、经济安全、社会安全、科技安全等其他国家安全领域来说也至关重要。需要在建设、运营、维护、使用的各环节，在设施、管理、人员、应急各领域，在物防、技防、人防各方面统一形成网络安全保障力量。

二、密切关注网络安全的动态性，“关键少数”要提升安全管理能力

过去分散独立的网络变得高度关联、相互依赖，同时，网络安全的威胁来源和攻击手段也在不断变化，那种依靠装几个安全设备和安全软件就想永保安全的想法已不合时宜，需要树立动态、综合的防护理念。随着网络技术的快速发展，数字化进程已经扩展到政务、民生、实体经济等各个领域，网络安全问题也无处不在、随时变化。领导干部必须提升对互联网规律的把握能力、对网络舆论的引导能力、对信息化发展的驾驭能力、对网络安全的保障能力，使互联网这个最大变量变成事业发展的最大增量。

三、注意把握网络安全的相对性，科学辩证对待网络科技和应用

习近平指出要注意把握网络安全的相对性，“没有绝对安全，要立足基本国情保安全，避免不计成本追求绝对安全，那样不仅会背上沉重负担，甚至可能顾此失彼”。网络安全的相对性是指安全的标准并不绝对，不同场景下的安全标准、安全检测是不一样的。这本质上仍是要求处理好网络技术发展与网络

安全之间的矛盾，即通过对网络科技以及应用的有效监管，为网络事业发展提供安全稳定的环境。同时，还可以创新与研发量子通信、“人工智能+网络安全”等技术，强化网络风险探知能力，占领网络安全制高点。

网络安全不仅是党和政府需要面对的问题，也与社会成员息息相关，维护网络安全是全社会的共同责任。政府部门、个人、企事业单位、其他社会组织等，必须共同遵守网络安全法、数据安全法、个人信息保护法等法律规范，在享受权益的同时承担起相应的法律责任和义务。同时，企业也应当积极承担起研发、创新任务，担当起网络安全核心技术突破主力军的责任，守护好网络安全底线。

第二节　新时代网络安全技术防护体系建设方案

一、网络安全技术防护体系建设方法

（一）网络安全技术防护体系

网络安全技术防护体系可以分安全保密管理、安全防护策略、安全防护体系、安全值勤维护、技术安全服务和终端安全防护等六个方面。

1.安全保密管理

技术手段是信息安全保密工作的基础，管理制度是信息安全保密工作的保障。在日常工作中，计算机、网络及一些常用的移动存储设备（如移动硬盘、U 盘等）已经成为不可缺少的工具和载体，由此，信息安全保密问题时有发生。这些信息安全保密问题主要有以下四个方面：一是信息失窃、泄露、损坏或丢失等，这是最主要的信息安全保密问题；二是网络被攻击，导致网络瘫痪、阻

塞，用户无法正常上网；三是终端被攻击，导致计算机中病毒、被控制，或者是计算机上的信息丢失、损坏等；四是存储介质感染病毒或信息损害、丢失等。在日常工作中要做好计算机系统信息安全保密工作，必须从三个方面下功夫。

首先是技术方面，主要包括网络安全系统的建设和应用、终端安全保密技术的实现与应用两个方面。就网络安全系统来讲，对于一个组织单位，局域网的安全系统无疑是安全保密工作的第一道屏障，但是，这个直接关系网络信息安全的系统，却常常是最薄弱的环节。许多单位在建设局域网时，主要考虑的都是以能够上网为目的的网络基础平台建设，而安全系统的建设往往被忽视，有些甚至是空白，最多也就是配备一台防火墙。这样脆弱的网络环境受到攻击或者出现信息安全保密问题就难以避免了。就终端安全保密技术方面来讲，首先要考虑的就是计算机是否接入网络以及是否采取隔离技术的问题。这两个方面从技术角度来讲很容易实现，但是由于没有出现过网络安全方面的问题，或者是使用不方便，再或者是不能方便上网等，往往容易被忽视。因此，网络安全系统的建设和应用、终端安全保密技术的实现和应用，是从技术方面加强安全保密工作的首要措施。

第二个方面是管理，主要是各种安全保密制度的建设以及贯彻实施的问题。即使网络安全系统到位了，办公终端也采取了相应的技术措施，如果没有相应的管理制度，如果制度不能得到很好的执行，也会大量出现安全保密的问题。这些年大量出现的安全保密问题中，一半以上都与信息安全保密管理工作不到位有关。因此，在接入互联网、系统隔离、使用移动存储介质、下载网上信息、下载或安装软件、使用无线设备或无线上网，甚至终端和移动存储设备的维修、淘汰、报废或销毁等方面，都必须建立起科学合理、切实可行的各项制度，并由专门部门监督检查，才能更好地减少信息安全保密问题的出现。

第三个方面是使用，也就是具体的使用者应当掌握必需的安全使用方法、树立正确的安全保密意识、遵守有关的安全保密制度。从所发生的计算机网络信息安全保密问题来看，使用者操作技术水平低、安全保密意识差和违反安全保密制度是出现许多严重问题的主要原因。因此通过经常性的培训，提高使用移动存储设备的操作水平，通过正反两个方面的安全保密案例增强安全保密意识，通过完善有关的制度和严格的监督检查确保使用者遵纪守法，这既是信息安全保密工作的最后一个方面，也是最有效的一个环节。

总之，技术手段是信息安全保密工作的基础，管理制度是信息安全保密工作的保障，使用者则是信息安全保密工作的主体，只有技术到位、制度健全和使用正确，才能最大限度地消除甚至杜绝日常工作中的信息安全保密问题。

2.安全防护策略

（1）技术层面的安全防护策略

①升级操作系统补丁。因为操作系统自身的复杂性和对网络需求的适应性，需要及时对其进行升级和更新，除服务器、工作站等的操作系统需要升级外，还有各种网络设备，均需要及时升级并打上最新的系统补丁，严防网络恶意工具和黑客利用漏洞进行入侵。

②安装网络版防病毒软件。防病毒服务器作为防病毒软件的控制中心，应及时通过 INTERNET 更新病毒库，并强制局域网中已开机的终端及时更新病毒库软件。

③安装入侵检测系统。

④安装网络防火墙和硬件防火墙。安装防火墙，允许局域网用户访问 INTERNET 资源，但是严格限制 INTERNET 用户对局域网资源的访问。

⑤数据保密与安装动态口令认证系统。信息安全的核心是数据保密，就是我们所说的密码，随着计算机网络不断渗透到各个领域，密码学的应用也随之扩大。数字签名、身份鉴别等都是由密码学派生出来新技术和应用。

⑥操作系统安全内核技术。关于操作系统安全内核技术，除了能在传统网络安全技术上着手，人们也开始在操作系统的层次上考虑网络安全性，尝试把系统内核中可能引起安全问题的部分从内核中剔除出去，从而使系统更安全。

⑦身份验证技术。身份验证技术是用户向系统出示自己身份证明的过程，能够有效防止非法访问。

（2）管理体制上的安全防护策略

①修订管理制度及进行安全技术培训。

②加强网络监管人员的信息安全意识，特别是要消除那些影响计算机网络通信安全的主观因素。计算机系统网络管理人员缺乏安全观念和必备技术，必须对其进行培训。

③信息备份及恢复系统，为了防止核心服务器崩溃导致网络应用瘫痪，应根据网络情况确定完全和增量备份的时间点，定期对网络信息进行备份，便于一旦出现网络故障时能及时恢复系统及数据。

④开发计算机信息与网络安全的监督管理系统。

⑤有关部门的监管要落实相关责任制，对计算机网络和信息安全应用与管理工作实行“谁主管、谁负责、预防为主、综合治理、人员防范与技术防范相结合”的原则，逐级建立安全保护责任制，加强制度建设，逐步实现管理的科学化、规范化。

3.安全防护体系

安全防护体系包括如下几个方面：配备网络防火墙、入侵检测系统、内网审计系统、补丁分发系统等。可以安装覆盖全网的防病毒系统；可以建立统一的网络身份管理机制，对入网终端IP地址、MAC地址和交换机端口进行绑定；对路由器、交换机进行服务安全性配置，合理划分VLAN，设置访问控制列表；网络安全防护系统安装部署正确，规则配置合理，严禁非授权操作；服务器关闭不必要端口和服务，账户权限划分明确，口令设置规范，并开启安全事件审计功能。此外，还可以让专用和公用信息系统使用不同服务器，专用服务器仅提供专用服务；提供信息服务的服务器，具备抵御攻击和防篡改等防护能力；数据库管理系统进行严格的账户管理和权限划分，开启审计功能，制订备份策略，及时安装补丁程序；配备满足实际需求的网络安全检测系统或设备。安全保密防护和检测产品，须经过国家信息安全相关测评机构测评认证。

4.安全值勤维护

安全值勤维护包括建立严格的网络安全值勤制度，定期检查值勤日志及网络设备、安全设备、应用系统、服务器工作状况，及时发现和排除安全隐患；实时掌握网络安全预警、监控信息，对各类入侵行为、病毒侵害、木马传播、异常操作等安全事件及时做出正确处置；定期组织网络安全行为审计，检测和分析审计记录，对可疑行为和违规操作采取相应措施。审计日志保留不少于 30 天，每个季度撰写安全审计评估报告；定期组织安全保密检测评估，对计算机、存储载体、应用系统和重要数据库等进行漏洞扫描和隐患排查；对网络重大安全事件能够迅速定位和取证，及时采取有效的管控补救措施。根据应急响应预案，能够适时组织应急处置训练或演练；定期对重要数据库、重要应用系统、网络核心设备以及安全设备的配置文件、日志信息等进行备份。

5.技术安全服务

技术安全服务包括及时发布病毒和木马预警信息，定期升级病毒、木马查杀软件和特征库；定期组织在全网范围查杀病毒和木马，能够及时发现、清除各类病毒和木马；定期更新各类漏洞补丁库，及时下发操作系统、数据库和应用软件补丁，使系统没有高风险安全漏洞；深入开展技术指导，积极对入网用户进行防护知识教育和技能培训。

6.终端安全防护

（1）终端计算机本身的安全隐患：计算机主机及其附属电子设备的电磁波辐射，造成计算机电磁辐射泄密。

解决办法：防信息泄露计算机采用了屏蔽和滤波等技术，满足 GGBB1-1999《信息设备电磁泄漏发射限值》B 级要求，能够有效防止信息泄漏。

（2）计算机内存储信息的安全隐患：计算机内存储信息的非授权访问、信息窃取、非法外联等。

解决办法：①服务器安全系统加固。将各种访问控制及完整性检测技术综合应用于网络主机安全性加固，包括文件强制访问控制、注册表强制访问控制、进程强制访问控制等。②建立计算机桌面安全管理系统。通过计算机登录控制、智能卡加解密、保密区、文件保护与监控、注册表的备份与恢复等方法保护计算机终端信息的安全。③建立非法内外联监管系统。通过从技术上禁止终端计算机非法与互联网相联，实现涉密信息不外流；通过禁止非授权计算机连接到局域网，阻止恶意的信息窃取。

（3）终端移动存储信息安全问题：解决办法是通过使用计算机终端与移动数据安全管理系统（简称：安全U盘）登录控制、授权访问、文件加解密、文件粉碎等方法保护终端移动存储信息的安全。

（二）构建网络信息安全防护体系

1.网络信息安全防护体系组成

部分建设网络信息安全防护体系，依赖不同的信息安全产品，这些信息安全产品满足不同的信息安全管理目标，具体描述如下：

（1）使用可网管交换机和网管软件。网管软件通过管理端口，执行监控交换机端口等管理功能。以网络设备（路由器，交换机）、线路、防火墙、安全设备、小型机、服务器、PC机、数据库、邮件系统、中间件、办公系统、UPS电源、机房温湿度等的日常管理为着眼点，帮助网络管理人员提高网络利用率和网络服务的质量。

（2）使用“防火墙”安全系统。“防火墙”安全系统可以有效地对网络内部的外部扫描或攻击做出及时的响应，并且提供灵活的访问控制功能，确保网络能抵御外来攻击。

（3）使用防病毒过滤网关。在进出网络之前，防病毒过滤网关将进出信息中附带的计算机病毒进行扫描和清除。

（4）使用IPS（入侵保护系统）。使用入侵保护系统对网络中的恶意数据包进行检测，阻止入侵活动，预先对攻击性的流量进行自动拦截，或采取措施将攻击源阻断。

（5）使用IDS（入侵检测系统）。通过系统检测、分析网络中的数据流量，使用入侵检测系统发现网络系统中是否有违反安全策略的行为和被攻击的迹象，检测网络内部对核心服务器的攻击。

（6）实行 IEEE 802.1X 认证。802.1X 认证能够比较好地解决一系列网络安全问题，增强了网络的可控性和安全性。比如可以控制新接入的计算机安装指定的软件（如瑞星杀毒），之后它们才能获得入网账号，才被允许访问所有网络资源。由于接入固定账号，假如发生安全事件，也可迅速查找到嫌疑人。

（7）安装信息安全管理与防护系统。信息安全管理与防护系统通过服务器监测客户端电脑上网情况，有效防止非法上网情况的发生。

（8）安装计算机及其涉密载体保密管理系统。计算机及其涉密载体保密管理系统可以杜绝通过移动存储设备进行数据摆渡而产生的安全保密隐患。

（9）安装网络版杀毒软件系统。建议采用具有自主产权并经过国家信息安全评估测试的杀毒软件系统，并保证网络用户病毒特征库实时在线升级。

2.安全设备选用策略

市场提供各式各样的满足信息安全管理要求的信息安全产品，从网络管理安全目的出发，选用网络信息安全系统和设备应该注意如下三个方面：从国别看，选择国产的网络安全产品，排除敌对势力可能的恶意潜伏；从质量看，选择国家信息安全认证产品，确保其专业资质和产品安全可靠；从性能看，选择满足网络安全管理功能的网络安全系统。

3.强化确保技术防护体系顺利运行的管理措施

（1）完善网络信息安全管理措施

①上网审查登记

必须做好上网审查登记工作。上网审查登记的内容包括与信息管理有关的人、设备两方面。人员管理包括实名登记网络用户、上网资格认证、实名绑定 IP 地址、使用设备登记、明确网络管理权限和使用权限等，并落实身份认证管理和可信任网络用户接入制度。设备管理包括登记入网计算机的型号、标识、IP 地址和硬盘等主要信息，登记涉密移动存储设备，登记服务器、路由器、交换机的设备基本资料、管理职责和存放地点，登记网线走向和布局图，登记信息点的位置、开通与否等信息内容。

②信息流通管理

流通信息是指伴随流通活动而产生并且为流通活动服务的信息，包括由文字、语言、图表、信号等表示的各种文件、票据和情报资料等。流通信息是对流通活动的客观描绘，是流通领域中各种关系及其状态的真实反映，必须认真对待信息流通管理工作。信息流通管理工作包括安装上网记录软件和安全管理系统等，同时，还要监控信息流动状态，最大限度堵塞安全漏洞；规范信息发布、审查与监管，指定专职人员负责，落实逐级审批要求；落实信息交互管理秩序，无论是上传资料、下载影视，还是发表言论、娱乐休闲，都要从严进行筛选、过滤和“消毒”；重点对聊天室、论坛、微博等敏感栏目、网络社区进行全程监管，及时屏蔽不良信息，防止造成负面影响，严防泄密问题发生；采取定期检查和随机抽查相结合的办法，每月对网络信息和网上言论进行全面检查和监控，对各种网络违纪现象，要依法进行惩处。

（2）加强日常信息管控

除了建设网络安全防护体系之外，在日常信息管控方面，也有必要采取技术手段，以确保信息安全、政治安全。

①加强不良信息的屏蔽能力

通过开发信息过滤软件，强制性地检查并过滤网络外部信息，屏蔽具有淫秽色情、封建迷信等内容的不良信息，有效阻止有害信息的入侵，最大限度阻止各类不健康的信息进入。

②加强垃圾信息的清理能力

通过开发信息扫描软件，建立垃圾信息报警系统，加强对网络内部垃圾信息的监控。通过扫描网络信息，及时发现并删除网上“垃圾”，清除网络思想垃圾，控制网络信息污染，净化网络空间，打造一个良好的网上活动空间。

③加强舆情的探测能力

通过开发舆情监控系统，对聊天室、论坛、微博等敏感栏目、网络社区进行全方位、全时空监管，洞察舆情态势，判断舆情影响效果，及时、主动干预并进行引导，大力弘扬网络道德，跟踪舆情发展趋势，建立一个政治安全的网络环境。

二、网站系统安全防护体系建设方案

（一）Web 应用防护解决方案

1.技术路线

充分发挥 Web 技术易于使用，及建设、运行、维护成本低的优点，作为统一的用户界面技术和统一的应用平台。解决 Web 应用的安全问题，使 Web 应用有足够的安全度。

2.安全需求

（1）安全机制对用户和应用透明，不影响用户使用的便利性，也不影响系统的易维护性。

（2）确保信息存储、传输中的安全。根据信息加密的密级实现不同强度的加密存储；在信息传输过程中采取数据保密性和数据完整性措施。

（3）实现安全的访问授权。根据用户身份和信息密级的不同，进行访问授权，遵守信息安全的有关管理规定。

（4）提供安全管理手段，能够统一实施安全策略。

（5）可扩展性好，保护已有投资又支持未来应用。

（6）安全机制有良好的可用性和可靠性。

（二）安全体系身份认证

解决 Web 应用身份识别的问题，实现双向身份认证访问控制；根据用户身份、信息密级决定用户对信息的访问权限，实现统一访问授权管理的安全单点登录；便于领导和用户使用，同时确保信息安全数据的保密性；在数据的存储、传输过程中加密，防止被窃取和侦听数据，确保数据的完整性；防止数据被篡改，防止否认安全管理；制定、实施安全管理策略，审查、记录、分析用户的行为，提高用户访问统计信息的可用性和可靠性；防止破坏，具有容灾、容错、备份、恢复等功能。

（三）安全平台

为了兼顾信息共享和信息安全，Web 应用必须采用统一的安全平台。各种 Web 应用在安全平台之上运行，遵循统一的安全机制和统一的安全策略。安全应用平台需要支持各种 Web 软硬件平台，支持多数厂商的产品。安全应用平台提供安全应用开发工具包，同时作为安全应用开发平台；安全应用平台提供安全管理功能，同时也是安全管理平台。

（四）安全功能

1.双向身份认证

同时支持对称密钥的 DCE/KERBEROS 协议和公钥的 PKI/X.509 协议；支持分布式身份认证，身份认证服务可分级、可复制，且开放身份认证服务。

2.访问控制

实现分布式的访问控制，实现集中式的访问控制管理；支持第三方访问控制服务；面对对象的访问控制，支持各种对象类型；访问控制灵活，可粗放控制也可精细控制；支持基于角色的访问控制。

3.安全单点登录

既方便领导使用，又确保安全。

4.根据用户身份定制信息服务

用户使用界面根据用户身份不同而不同。

5.信息安全

支持信息加密存储；支持信息加密传输；支持信息完整性检查；采用动态

密钥、会话密钥技术。

6.审计记录

基于用户身份来生成访问日志，并有安全的访问日志管理机制，防止篡改、窃取访问日志和非授权访问；能够对用户和信息的访问统计进行分析，面向用户、服务和信息时进行计费。

7.安全管理

管理用户、资源和访问授权；管理安全强度；提供统一的安全管理控制台，支持远程安全管理；支持分布式、分级安全管理；支持 LDAP 和 CDS 目录服务；支持面向角色的安全管理；提供容灾、备份和恢复功能

8.可扩展性和可靠性

支持客户端负载平衡、WEB 前端负载平衡、WEB 后端负载平衡；支持服务器集群；支持安全服务的复制和同步；支持 NETSCAPE、IIS、IE 等多种 WEB 服务器、浏览器；支持多种操作系统平台；支持 HTTP1.0、HTTP1.1、HTTPS、SSL V2、SSL V3 多种协议。

9.二次开发

提供开发工具包和开发接口。

三、WEBST 安全 WEB 应用解决方案

该方案适用于“电子政务”“电子商务”等各种安全 WEB 应用。WebST 是一个遵循标准的应用安全解决方案，为用户的 Intranet/Internet/Extranet 提供安全保护。WebST 工具有完善可靠的身份认证、授权管理、数据完整性、数据保密性、审计记录和安全管理功能。WebST 也是一个安全管理平台、安全应用开发平台。WebST 集成了 CA（Certificate Authority）和 AA（Authorization Authority），是目前唯一的应用层安全平台。作为应用安全平台，WebST 为应用程序提供了所有的安全机制和安全服务，大大简化安全应用系统的开发，用

户可以专注于应用本身的开发，而不需要在安全功能的实现上花功夫。通常，一个应用系统安全部分的开发占到整个开发的30%以上。

（一）身份认证

1.静态密码

用户的密码是由用户自己设定的。只要在网络登录时输入正确的密码，计算机就会认为操作者是合法用户。实际上，许多用户为了防止忘记密码，经常采用诸如生日、电话号码等容易被猜测到的字符串作为密码，或者把密码抄在纸上放在一个自认为安全的地方，这样很容易造成密码泄露。如果密码是静态的数据，验证时在计算机的内存和传输过程中可能会被木马程序或网络截获。因此，静态密码机制无论是使用还是部署都非常简单，但从安全性上讲，“用户名/密码”方式是一种不安全的身份认证方式。

2.智能卡

智能卡是一种内置集成电路的芯片，芯片中存有与用户身份相关的数据，智能卡由专门的厂商通过专门的设备生产，是不可复制的硬件。智能卡由合法用户随身携带，登录时必须将智能卡插入专用的读卡器去读取其中的信息，以验证用户的身份。

智能卡认证是利用智能卡硬件不可复制的特点来保证用户身份不会被仿冒。然而，每次从智能卡中读取的数据都是静态的，通过内存扫描或网络监听等技术还是很容易截取到用户的身份验证信息，因此还是存在安全隐患。

3.短信密码

短信密码是以手机短信形式请求的包含6位随机数的动态密码，身份认证系统以短信形式发送随机的6位数密码到用户的手机上，用户在登录或者交易认证的时候输入此动态密码，从而确保系统身份认证的安全性。

4.动态口令牌

动态口令牌是目前最为安全的身份认证方式，也是一种动态密码。

动态口令牌是客户手持用来生成动态密码的终端，主流的动态口令认证是基于时间同步的方式，每 60 秒变换一次动态口令，口令一次有效，它产生 6 位动态数字进行一次一密的方式认证。

由于动态口令牌使用起来非常便捷，85%以上的世界 500 强企业都运用它保护登录安全，其广泛应用在 VPN、网上银行、电子政务、电子商务等领域。

5.密钥

密钥是基于 USB Key，是近几年发展起来的一种方便、安全的身份认证技术。它采用软硬件相结合、一次一密的强双因子认证模式，很好地解决了安全性与易用性之间的矛盾。USB Key 是一种 USB 接口的硬件设备，它内置单片机或智能卡芯片，可以存储用户的密钥或数字证书，利用 USB Key 内置的密码算法实现了对用户身份的认证。USB Key 身份认证系统主要有两种应用模式：一是基于冲击/响应的认证模式，二是基于 PKI 体系的认证模式，目前运用在电子政务、网上银行等领域。

6.OCL

OCL 可以提供身份认证的信息。

7.数字签名

数字签名又称电子签名，可以区分真实数据与伪造、被篡改过的数据，对于网络数据传输，特别是电子商务极其重要。一般要采用一种被称为摘要的技术，摘要技术主要是运用哈希函数①将一段长的报文通过函数变换，转换为一段定长的报文。身份识别是指用户向系统出示自己身份证明的过程，主要使用约定口令、智能卡和用户指纹、视网膜和声音等生物特征。数字签名机制提供利用公开密钥进行验证的方法。

---

①哈希函数：哈希函数提供了这样一种计算过程：输入一个长度不固定的字符串，返回一串定长度的字符串，又称哈希值。

8.生物识别技术

通过可测量的身体或行为等生物特征进行身份认证的一种技术。生物特征是指唯一的、可以测量或可以自动识别和验证的生理特征或行为方式。

生物特征分为身体特征和行为特征两类：身体特征包括声纹、指纹、掌型、视网膜、虹膜、人体气味、脸型、手的血管和DNA等；行为特征包括签名、语音、行走步态等。目前，部分学者将视网膜识别、虹膜识别和指纹识别等归为高级生物识别技术；将掌型识别、脸型识别、语音识别和签名识别等归为次级生物识别技术；将血管纹理识别、人体气味识别、DNA识别等归为“深奥的”生物识别技术。指纹识别技术目前广泛应用于门禁系统、微型支付等领域。

9.Infogo

是网络安全准入设备制造商联合国内专业网络安全准入实验室，所推出的安全身份认证准入控制系统。

10.双因素

所谓双因素就是将两种认证方法结合起来，进一步加强认证的安全性，目前使用最为广泛的双因素如下：

动态口令牌+静态密码；USB KEY + 静态密码；二层静态密码等。

iKEY双因素动态密码身份认证系统（以下简称iKEY认证系统）是由上海众人网络安全技术有限公司（以下简称“众人科技”）自主研发，是一款基于时间同步技术的双因素认证系统，也是一种安全便捷、稳定可靠的身份认证系统。其强大的用户认证机制替代了传统的基本口令安全机制，从而有效避免因口令欺诈而导致的损失，防止恶意入侵者或员工对资源的破坏，避免了因口令泄露导致的所有入侵问题。iKEY认证服务器是iKEY认证系统的核心部分，其与业务系统通过局域网相连接。该iKEY认证服务器控制着所有上网用户对特定网络的访问，并提供严格的身份认证，上网用户根据业务系统的授权来访问系统资源。iKEY认证服务软件对自身数据具有安全保护功能，所有用户数据经加密后存储在数据库中，其中 iKEY 认证服务器与管理工作站的数据传输以加密传输的方式进行。

11.门禁应用

身份认证技术是门禁系统发展的基础，密码键盘和磁卡门禁同锁具钥匙相比有了质的飞跃，但是密码仍有易被破译、磁卡存储空间小、易磨损和复制等问题，使得密码键盘和磁卡门禁的安全性和可靠性受到了限制。后来，出现了接触式卡，尽管其比密码和磁卡在存储和处理能力的方面有了很大进步，但因其自身不可克服的缺点，如磨损寿命较短、使用不便等，成为其应用发展的障碍。此后，非接触式射频卡凭借无机械磨损、寿命长、安全性高、使用简单、很难被复制等优点，成为业界备受关注的“新军”。从识别技术看，RFID 技术的运用是非接触式卡的潮流，其未来发展趋势是更快的响应速度和更高的频率。

20 世纪 80 年代至 20 世纪 90 年代，由于计算机和光学扫描技术的飞速发展，指纹提取成为现实。图像设备的引入和处理算法又为指纹识别应用提供了条件，促进了生物识别门禁系统的发展和应用。研究表明，指纹、掌纹、面部、视网膜、静脉、虹膜、骨骼等都具有个体唯一性和稳定性的特点，且这些特点一般终身不会变化，因此可用这些特征作为判别人员身份的依据，从而产生基于这些特征的生物识别技术。因为人体的生物特征具有可靠、唯一、终身不变、不会遗失和不可复制的特点，所以，基于生物识别的门禁系统安全性和可靠性最高。目前，国内外研究和开发的门禁系统主要是非接触感应式和基于生物识别技术的门禁系统。而在基于生物识别技术的门禁系统中尤以指纹识别的应用最广泛。

（二）防范未授权访问攻击的安全措施

很多时候，未经授权的用户在访问企业的敏感数据库和网络时，并不会被企业所重视，只有在发生安全事故后，企业才会意识到这种被忽略的日常行为存在多大的隐患。因此，企业应该对未授权访问行为进行严格管控，建立一套可靠的管理流程，以检测、限制和防止未授权访问事件的发生。

简而言之，当攻击者擅自访问企业组织的网络时，就会发生未授权访问，其访问对象包括数据库、设备端点、应用程序环境等。

未授权访问不仅只针对企业系统，也可能针对个人用户。比如，未经许可使用用户的私人手机就是未授权访问，这种对个人用户进行擅自访问的手法有多种，会造成各种严重后果，如数据泄露、财务损失、服务不可用（DDoS 攻击）或者对整个网络失去控制（勒索软件攻击）等。攻击者只需发现其访问目标敏感位置的薄弱环节，如安全漏洞、未受保护的端点或密码撞库等，就可以通过多种方式实施未授权访问攻击。

攻击者一旦访问了企业系统中的一个敏感区域，就有可能不受限制地继续访问其他位置。例如，如果他们找到了企业敏感系统的密码，那利用这个账户密码就可以将攻击范围扩大到整个企业网络。类似地，上传恶意文档或运行恶意软件也是攻击者利用访问权限乘虚而入的惯用手段。

为了帮助企业组织进一步避免未授权网络访问行为，规避潜在的安全风险，本节汇总了针对未授权网络访问管理的十大安全措施，以下为具体内容：

1.加强设备的物理安全

如果攻击者获得了企业内部敏感系统的物理访问权，那企业组织的技术安全措施将形同虚设。因此企业要尽量保证内部计算机或其他设备处于密码锁定的状态，而且不应该在办公室或上述相关系统旁公示登录密码。此外，对于敏感文件要定制高级访问权限，对所有设备严加看管是防止未授权访问的关键。

2.设置强密码

密码破解工具愈发智能化，密码泄露也愈发常见，因此设置独特的强密码很重要。重复使用密码、使用已知密码或将很容易被猜到的单词、短语设置为密码存在很多风险。例如，“admin/admin”是许多组织最常用的用户名和密码组合，这种常见的密码存在很大风险。

理想情况下，密码应该是具有独特性的长密码（至少 11 个字符），最好选择数字和特殊字符混合的方式。密码越复杂，攻击者获得未授权访问所需的时间就越长。

3.采用多因素身份验证

除了强密码外，确保企业系统账户安全的另一个有效策略是采用多因素身份验证来提高登录环节的安全性。无论是通过OTP（一次性口令）、生物特征识别扫描，还是身份验证器应用程序，即使在密码泄露的情况下，多因素身份验证措施都能进一步确保授权登录账号的安全性。

4.配置强大的防火墙

对于不断增加的网络威胁，企业可以选择配置功能强大的防火墙来解决安全问题并防止恶意攻击，这些防火墙需要具备保护企业网络、Web应用程序及其他核心组件的功能。企业可以通过聘请专业的MSP（托管服务提供商），来配置符合自身网络安全需求的防火墙。

5.限制用户对敏感系统的访问

防止攻击者未授权访问企业系统或设备的另一个有效策略是，企业在系统设立之初就限制授权访问，要求只有最值得信赖的员工才有权力访问，这种做法对于保护敏感的数据库和设备十分有效。

6.采用单点登录（SSO）

单点登录有助于更有效地管理用户和IT人员的账户。一方面，用户只需记住一个密码即可登录；另一方面，IT人员可以在必要时迅速终止异常行为活动，进而轻松管理账户。例如，如果攻击者冒用员工账户被检测到后，安全团队就可以立即停止该账户对其他所有系统的访问行为。

7.运用IP白名单

IP白名单与WAF（Web应用防火墙）可以让企业组织中的合法用户访问更加便利，在远程工作环境下特别有用，但是对于使用动态IP、访问代理或VPN的用户来说行不通。因此，远程用户最好是寻求固定的IP地址，这些IP地址可以来自其自身的ISP，也可以来自VPN代理服务提供商。

8.监控登录活动

企业组织应该能够通过监控来发现异常的登录活动。例如，组织在部署了监控系统之后，就可以及时发现企业系统或设备中存在的可疑账户登录或异常登录活动，并采取相应的补救策略，如撤销账户访问权限以避免攻击。

9.定期进行漏洞扫描

攻击者总是在不停地伺机寻找未修补的漏洞，进而对目标网络实施未授权访问，因此，企业组织应定期进行漏洞扫描或选择聘请第三方专业人员，协助IT员工进行IT管理。

10.及时更新应用软件版本

未及时对存在漏洞的系统进行修补是对业务安全构成最大威胁的原因之一，同时也是最容易被企业组织忽视的一个问题。因此，企业组织必须采取有效、强大的补丁管理策略。

（三）对PKI的支持

PKI即公钥基础设施。PKI采用了公钥/私钥对，通常公钥很长，如1024位；私钥很短，如128位。公钥密码技术既实现了传输加密，也实现了身份认证。其工作过程是这样的：用户接收信息时，对方用其公钥加密，只有用该用户的私钥才能解密，确保加密信息只有该用户能够看到。公钥技术需要证书认证机构的支持。国外的许多大型计算机公司，如网景通信公司、微软股份有限公司等，将自己作为CA中心，使用其产品时，以它们作为CA中心。但这种方式在国内行不通，因为不可能让一家外国公司作为认证中心。在我国没有权威性的认证中心之前，公钥技术无法广泛使用。当然，用户可以建立自己的认证中心。WebST全面支持PKI。PKI较好地解决了大规模身份认证的问题。目前的PKI产品仍有一个严重的缺陷，就是与具体应用的结合非常困难，需要做大量的开发工作。通常需要用户自行开发访问授权、审计记录、安全管理等配套功能。WebST是一个安全平台，为应用系统提供现成的安全服务和管理服务。

通过支持 PKI，WebST 很好地解决了 PKI 与具体应用结合的问题，大大减少了开发工作量，使 PKI 成为真正意义上的安全框架。公钥密码技术适用于通信各方互不相识的点对点环境，如电子邮件；对称密钥技术适用于集中管理的多点对单点环境。且公钥系统一般采用公钥密码技术实现身份认证，采用对称密钥实现传输加密。公钥系统需要 CA 的支持，通常 CA 的功能与管理有关，需要二次开发。WebST 目前的版本支持集成第三方 CA，下一版本中将包含 CA。

（四）信息安全

通过 PLUG-IN 技术和算法接口，WebST 可嵌入第三方高强度加密算法，可以根据用户的需求嵌入经过密码管理部门批准的加密算法。WebST 在身份认证、访问授权、会话通信中通过 KDC 实现了密钥和授权证明的分发。WebST 的密钥和授权证明分发是透明的、且自动进行，不需要管理员和用户的参与。在访问单一服务器的典型情况中，WebST KDC 至少完成了 5 次密钥分发，每次的密钥都是一次性的。WebST 是国内唯一支持通用安全服务接口 GSSAPI 的产品。在安全通信中，为了防止信息被篡改，WebST 采用了数字签名技术。用户与有关服务器的每一次通信，都使用了数字签名。其数字签名采用了国际标准 MD－5 校验算法，优点在于：①每次签名的加密采用了不同的一次性密钥；②每个签名有一个时间标记，超过时间后自动失效。在每一个用户与每一个服务器的每一次会话中，WebST 都使用了会话密钥，所有会话密钥都是一次性的，具有时间限制，超时后就无效了。双因子安全功能的安全性表现在：①没有物理凭证的用户，无法进入系统；②窃取了物理凭证，但不知道 PIN 码的用户，也无法进入系统，且多次尝试 PIN 码，会导致物理凭证自毁；③仿制了物理凭证，但因该凭证不能与安全服务器同步，用户也不能进入系统。

（五）审计记录

WebST 的审计记录基于用户身份，可以准确记录用户对资源访问的详细情况，为抗否认和防止抵赖提供了依据。通常的 HTTP 访问日志记录不包含用户信息，只能记录到 IP。通过对 WebST 日志文件的分析，可以统计出信息的访问频率，得出用户的访问爱好和规律。对信息服务提供商 ICP 来说，WebST 基于用户身份的细粒度记录具有重要的意义，可以实现基于信息的收费。

（六）安全管理

WebST 是一个安全管理平台。通过 WebST 安全管理控制台，安全管理员可以集中管理全局的用户、资源、授权和安全策略。WebST 采用了领先的安全管理技术：①授权继承技术；②稀疏 ACL 技术；③基于角色的访问控制技术；④支持 AuthAPI。

四、负载均衡解决方案

下面以某公司为例，分析负载均衡解决方案。

（一）用户需求及分析

公司中现有数量较多的服务器群：Web 网站服务器 4 台、邮件服务器 2 台、虚拟主机服务器 10 台、应用服务器 2 台、数据库 2 台（双机+盘阵），希望通过服务器负载均衡设备实现各服务器群的流量动态负载均衡，并互为冗余备份。此外，还要求新系统应有一定的扩展性，如数据访问量继续增大，可再添加新的服务器加入负载均衡系统。

我们对用户的需求可分为以下几点分析和考虑：

（1）新系统能动态分配各服务器之间的访问流量；同时各服务器能互为冗余，当其中一台服务器发生故障时，其余服务器能即时替代工作，保证系统访问的不中断。

（2）新系统应能管理不同应用的带宽，如优先保证某些重要应用的带宽要求，同时限定某些不必要应用的带宽，合理高效地利用现有资源。

（3）新系统应能对高层应用提供安全保证，在路由器和防火墙基础上提供了更进一步的防线。

（4）新系统应具备较强的扩展性。容量上，如数据访问量继续增大，可再添加新的服务器加入系统；应用上，如当数据访问量增大到防火墙成为瓶颈时关于防火墙的动态负载均衡方案，又如针对链路提出新要求时关于 Internet 访问链路的动态负载均衡方案等。

（二）解决方案

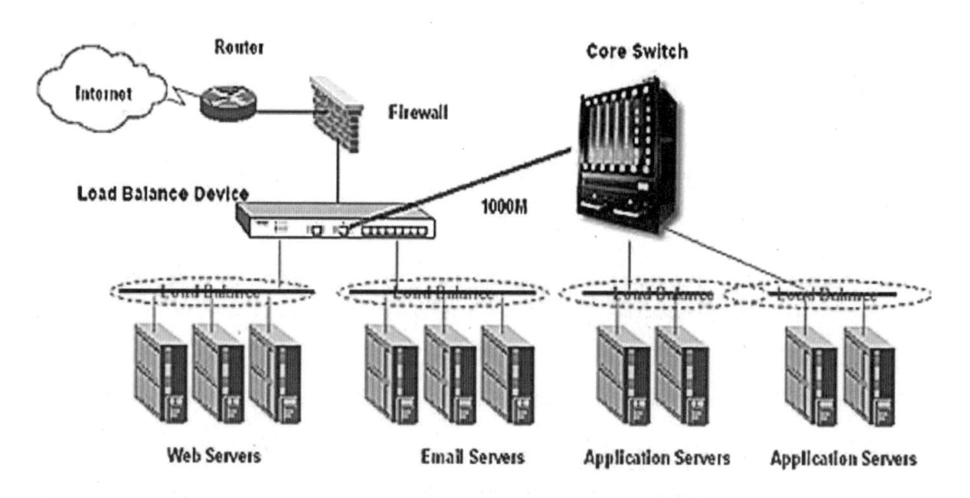

图 6-1　梭子鱼安全负载均衡方案总体设计

梭子鱼安全负载均衡方案总体设计如图 6-1 所示。采用服务器负载均衡设备提供本地的服务器群负载均衡和容错，适用于处在同一个局域网上的服务器群。服务器负载均衡设备最主要的功能是：当一台服务器配置到不同的 Sever Farm（服务器群）上，就能同时提供多个不同的应用。可以对每个服务器群设定一个 IP 地址，或者利用服务器负载均衡设备的多 TCP 端口配置特性，配置 Super Sever Farm（超级服务器群），统一提供各种应用服务。

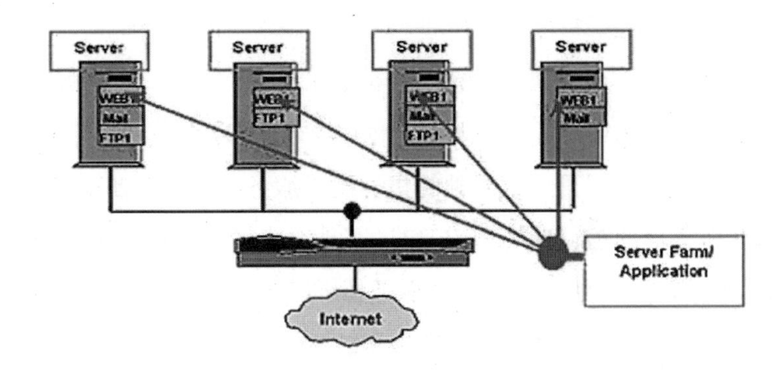

图 6-2　服务器群应用程序

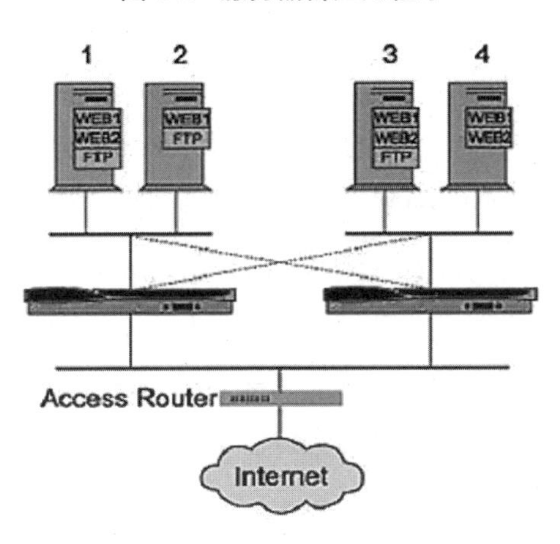

图 6-3　服务器负载均衡设备

如图 6-2 所示，网络中的四台服务器向用户提供了三种典型服务，分别为 WEB、Mail 和 FTP 服务，因此管理员通过服务器负载均衡设备建立了三个不同的 Sever Farm，并指定参与每个服务器群的服务器。对于上述系统，服务器负载均衡设备的解决方案提供了三级全面冗余机制。

对于每种应用，如 Web 服务，同时有四台机器提供服务，每台机器的状态可以设为 regular（正常工作）或 backup（备份状态），或者同时设定为 regular 状态。负载均衡设备根据管理员事先设定的负载算法和当前网络的实际的动态负载情况，决定下一个用户的请求将被重新定向到的服务器。而这一切对于用户来说是完全透明的，用户完成了对 Web 服务的请求，并不用关心具体是哪台服务器完成的。

对于整个服务器系统来说，资源得到充分利用和冗余。我们知道，一般情况下不同应用服务的用户数目是不尽相同的，对于服务器资源的消耗也有所不同。如果对每一种应用只采取单独的机器提供服务，不但存在单点故障问题，同时对每台服务器的利用也是不均匀的，可能会出现存在大量的 Web 请求，单一的 Web 服务器负荷超重，而 FTP 服务器却基本处在空闲状态的情况，这也是一种系统资源的浪费，用户得到的服务也因此不够快捷。在引入了服务器负载均衡设备的服务器系统中，不仅使每台机器的资源都得到了充分利用，还减少了单点故障的问题。

负载均衡设备也可以引入冗余备份机制。如图 6-3 所示，服务器负载均衡设备在网络层次上起到类似“路由器”的作用，并利用专用的 ASIC（集成电路芯片）完成智能负载分配的工作。它的单点故障问题可以通过在系统中引入另外一台服务器负载均衡设备来解决。但是与一般意义上的冗余备份机制不同，这时两台服务器负载均衡设备是同时处在工作状态，并互相备份的，而不是其中一台处于闲置的 Stand-By 状态。服务器负载均衡设备通过网络互相监测，一旦其中一台不能正常工作，另一台将接管其所有的任务。

五、应急响应服务体系

应急响应服务体系由上海世博会信息安全保障应急响应技术处置组专家成员、各网站管理员、现场维护人员及第三方网站开发人员组成。网站应急响应流程主要分为：分析确认、启动应急运行、故障修复、恢复运行、详细备案。

（一）分析确认

网站故障可分为 4 大类，包括主机设备不可用、系统不可用、遭受黑客攻击、网页被篡改。首先应分析、判断网站故障属于哪一类。

（二）启动应急运行

切换网站到应急运行状态，避免停止服务。若是主机设备不可用，则启动备用服务器；若是软件系统不可用，则停止故障网站应用，启动备份网站；若是遭受黑客攻击、网页被篡改，则停止故障网站应用，启动备份网站。

（三）故障修复

确认故障原因后，迅速制订故障修复方案，判断故障的严重程度和恢复时间。故障原因若为主机设备不可用，在 1 小时内能修复的，安全管理员联系设备服务商协同修复；如果发生故障的服务器在 2 小时内不能修复，就启用备用服务器。故障原因若为软件系统不可用，在 1 小时内能修复的，安全管理员协同系统管理员、数据库管理员进行系统修复；如果发生故障的服务器在 2 小时内不能修复，就启用备用服务器。故障原因若为遭受黑客攻击的，按照以下步骤处理：

（1）告知网络与信息安全管理员、相应的主机系统管理员和应用软件系统管理员。网络与信息安全管理员、主机系统管理员、应用软件系统管理员应详细记录有关现象和显示器上出现的信息，将被攻击的服务器等设备从网络中隔离出来，保护现场。

（2）网络与信息安全管理员负责分析攻击现象，提供解决方法；主机系统管理员和应用软件系统管理员负责恢复与重建被攻击或破坏的系统。

（3）适时解除被攻击设备的隔离。

（4）由网络与信息安全管理员、主机系统管理员和应用软件系统管理员共同追查黑客攻击来源。

（5）网络与信息安全管理员、主机系统管理员和应用软件系统管理员会商后，将有关情况汇报。

（6）如认为事态严重，则立即报警或向上级机关汇报。

故障原因若为网页被篡改的，按照以下步骤处理：

（1）将出现网页被篡改的页面截屏，保存所截取的屏幕信息。

（2）打印屏幕信息后修复网页内容、删除网站上的非法言论。

（3）网页修复后，对网站全部内容进行一次查看，确保没有被篡改的网页或非法的言论后解除站点服务器的隔离。

（4）配合网站管理员及运营商共同追查非法篡改、非法言论来源，尽可能确定信息发布者。

（四）恢复运行

在确认故障排除之后，可恢复系统运行，如果启动了备用服务器，应将服务器切换到原来的数据库服务器。

（五）详细备案

系统恢复运行后，网络与信息安全管理员应会同站点管理员将本次网站故障的处置过程，包括故障发生时的现象、处理过程及所采取的技术手段、处理结果等进行详细的文字记录。

第三节　新时代网络安全防护体系建设新思路

一、信息安全保障体系的三层结构

（一）基础设施安全体系的建设

信息安全保障体系的基础就是基础设施安全体系。基础设施安全体系的建设包括：物理环境安全基础设施和网络安全基础设施。

1.物理环境安全基础设施

主要从如下几个方面来规划与建设系统的物理环境安全基础设施：

（1）严格的机房出入控制：包括根据信息系统中各功能单元的安全级别来合理地进行机房访问层次划分，部署门警系统、监控系统来杜绝对机房的非法访问。

（2）机房建设应严格遵循相关标准：对于电子政务建设中涉及的机房建设应严格遵循国家颁布的相关建设标准，如防静电标准、接地标准、湿度控制、抗电磁干扰等标准均是在机房建设中应该遵循的安全标准，杜绝由于机房建设中的不标准给系统建设带来的安全风险。

（3）电力系统的保护：建立持续的电力供应系统；配备合适功率的 UPS 电源。

（4）消防系统的建设：为防止火灾给系统带来的严重安全损害，应充分考虑机房消防系统的建设，如机房建筑上的防火措施，设置报警设备和灭火设备等，要加强防火管理。

（5）物理线路安全保护：对于物理线路的安全保护是保证信息系统持续、安全运行的关键，如建立防电磁泄漏系统、物理线路的备份保护等。

2.网络安全基础设施

作为信息系统的基础，保证网络设施的安全也是整个信息安全保障体系的关键。因此在加强网络安全基础设施建设的同时也要完善关键信息基础设施安全保护应急机制。针对关键信息基础设施，制订并完善专项网络安全应急处置预案，定期开展应急预案的研讨、更新、修订工作，不断提高其风险防范和应急处置能力。加强关键信息基础设施的风险管理，组织开展网络安全大检查，加强通报预警、应急演练、灾难备份、数据防护等重点工作，在实践中不断完善网络安全应急机制。

（二）支持平台安全体系的建设

1.操作系统安全建设

操作系统的安全建设是保障应用安全的基础环节，操作系统如果存在安全漏洞，最终会导致整个系统平台的安全隐患。建设操作系统（Windows/Unix/Linux）时一般从如下几个方面来考虑其安全性：

（1）安装最新的补丁，防止已知漏洞对系统造成危害。

（2）禁止不必要的网络服务和不必需的端口，不给非法入侵者可乘之机。

（3）尽可能不在服务器上使用 IE 浏览器，并将 IE 浏览器卸载，如果一定要使用，必须打上最新的补丁。

（4）关闭不安全的系统用户（如 guest 用户），正确设置系统默认共享目录的权限。

（5）修改注册表的相关项目，用以抵御 DoS 攻击。

（6）设置正确、完善的系统用户权限，防止用户权限的滥用。

（7）实施严格的安全策略，如账户策略、密码策略、事件审核策略等。

（8）配置正确的系统审核功能，并记录异常事件为系统管理员提供相关线索。

（9）下载必要的防病毒软件。

（10）其他网络方面的安全增强设置，如性能优化配置。

2.数据库安全建设

数据库的安全建设就是保护数据库中存储的数据不被非法访问，维护数据的完整性和一致性，并保证在异常发生时最大限度地恢复数据；防止数据库管理员非法篡改数据库中的数据或非法窃取用户资料；防止数据库系统软件因可能存在的后门或其他缺陷引起用户数据失密。

基于以上对数据库及其中存储数据的安全性考虑，通过技术制度手段从以下几个方面规避数据库的安全风险：

（1）实现环境安全；

（2）实现主机系统安全；

（3）进行用户认证；

（4）进行访问控制；

（5）保证数据传输安全；

（6）保证数据库稳定运行；

（7）加强数据库操作审计。

3.系统安全建设

网络系统安全是整个安全保障体系中支持平台建设的关键，是针对网络系统安全涉及到的数据完整性、机密性的保护，对系统使用者的有效身份识别、对操作者操作行为的可确认性，在现有的技术解决模式中使用基于数字证书的方式是建设系统安全的最佳解决方案。在网络系统安全的建设中建设内容如下：

（1）PKI（公钥基础设施）主要在分布式计算环境中提供数据机密性、完整性、用户身份鉴别和行为的不可抵赖等基础安全功能。公钥基础设施构建的关键是PKI技术，国际上许多国家已经在这方面展开了研究和开发，部分发达国家已有较成功的应用实例并已提出了本国的PKI技术标准体系。我国PKI技术的研究虽然起步较晚，但由于跟踪及时、发展的起点高，在PKI领域的研究还是具有一定基础的。我国PKI技术体系的标准化工作和适合我国电子政务特点的公钥基础设施体系的运行管理机制也正在进行，其由CA（数字证书签发机构）、RA（数字证书注册审批机构）、KMC（密钥管理机构）、证书发布机构等部分组成。

（2）PMI（授权管理基础设施），一般PMI采用以下的工作流程：使用用户管理工具注册应用系统用户信息；使用资源管理工具注册资源信息；使用策略制定工具制定应用系统的权限管理和访问控制策略；使用权限分配工具签发策略证书、角色定义证书；由属性权威对用户签发属性证书；启动策略实施点，使用指定策略和相关信息初始化策略决策服务器；用户登录时，策略是十点验证用户身份，并根据下一个步骤获取权限信息；推模式下直接从用户提供的属性证书中获取权限信息，拉模式下根据用户身份信息从属性证书库中检索并返回用户的权限信息；对每个访问请求，策略实施点根据权限、动作和目标信息生成决策请求；策略实施点向策略决策点发出决策请求；策略决策点根据策略对请求进行判断，返回决策结果；策略实施点根据结果决定是否进行访问；若停止运行，则关闭策略实施点，由策略实施点通知策略决策服务器停止服务。

（三）应用信息安全体系的建设

（1）数据交换安全平台是统一应用安全平台的核心部件，由一组安全网关和一个安全中间件组成。安全网关通过使用 PKI 提供的基础安全服务实现对用户身份合法性的验证、客户端到服务器端的数据安全传输，此外，还负责与各种应用安全服务互联，实现访问控制、签名验证等各种安全服务；同时提供开发的接口，用户可以在其上增加对特定应用协议的支持。安全中间件是一个将数据交换安全平台、各种安全服务构件和具体应用连接在一起的核心管理平台。该平台定义了数据交换安全平台、安全服务构件和具体应用之间的互操作性，为实际应用系统提供了高层次的管理、运行和开发接口，可以对安全数据交换和安全服务进行统一管理和统一配置。

（2）应用安全服务平台以构件化的形式为实际应用系统提供专门的安全服务，如访问控制服务、安全审计服务和关键数据签名验证服务等。这些安全服务构件封装了对 PKI/PMI 的调用，通过连接到 PKI/PMI 平台为应用系统提供安全服务，这一切对实际应用来说是完全透明的。

（3）客户端安全平台通过安全代理连接安全网关，进而访问应用服务器，不同的应用使用不同的安全代理，但都建立在统一的 PKI 客户端开发平台之上。应用安全平台在为实际应用提供统一的运行、管理环境的同时，以 API，COM 和 JavaBean 等多种形式为应用系统提供丰富的、多层次的开发接口，基于该平台可以很方便地完成安全应用系统的二次开发。

二、统一的安全管理体系建设

在信息系统安全上，还有一个共识：安全不仅仅是技术问题，更是一个管理的问题。因此，网络信息安全保障体系建设的下一个阶段就是安全管理体系建设。安全管理体系建设与安全策略建设密不可分，管理是在策略的指导下进行的，而管理经验和运行、管理之间的互动则为策略的制定提供依据。随着信息安全系统建设的不断发展，安全产品和安全技术被大量采用，这些安全产品和安全技术的物理位置分布广泛，其因系统配置、规则设置、反应处理、设备管理、运行管理的复杂性高速增长而带来的管理成本和管理难度正在成为系统安全的隐患。为此，有必要建立集中式、全方位、动态的安全管理中心。建立安全管理中心的目标在于解决用户大量采用安全产品以及安全技术所造成的“混乱”局面，在将与整体安全有关的各项安全技术和产品捏合在一个规范的、整体的、集中的安全平台上的同时，使技术因素、策略因素以及人员因素能够更加紧密地结合在一起，从而提高用户在安全领域的各种分散投资的最终整体安全效益。在信息安全系统的建设中，信息的安全问题有70%是因为管理上的漏洞造成的，因此在完成信息系统安全建设的过程中，应建立一套完善的系统安全管理体系来保证安全系统的正常运行。在网络信息系统这一复杂的系统工程中建设一个完善的安全管理体系应从如下几方面来考虑。

（1）充分考虑用户的实际情况，配合用户合理地进行系统安全管理组织结构的设置。

（2）根据实际情况配合用户制定各项相关的管理制度，明确各部门及各管理员的职能范围，建立完善的审计机制。真正做到有章可循，有据可查。

（3）建立智能化的安全事件和应急反应机制。以真正达到对信息安全系统的动态管理。

参考文献

[1]暴占彪．基于大数据背景下网络安全体系[J]．电子技术与软件工程，2019（03）：185-186．

[2]曾莎莉．新常态下数智化转型企业网络信息安全体系建设策略[J]．信息系统工程，2022（09）：111-114．

[3]车健生．控制论视域下局域网安全体系建设实践与研究[J]．电脑编程技巧与维护，2020（11）：147-149．

[4]陈华清．等保 2．0 下基层开放大学网络安全体系建设研究[J]．网络安全技术与应用，2022（09）：91-93．

[5]程方，杨露，黄紫翎．基于等保 2．0 标准下的网络安全体系设计与思考[J]．现代工业经济和信息化，2022，12（12）：101-102．

[6]崔传森．计算机网络安全体系及其发展趋势综述[J]．网络安全技术与应用，2022（11）：171-172．

[7]杜慧．高校计算机网络安全体系构建及策略探讨[J]．无线互联科技，2021，18（11）：20-21．

[8]方三辉，赵文义，刘伟，等．网络安全体系关键技术研究与实践[Z]．天津：中国石油大港油田信息中心，2018．

[9]符睿．智慧校园环境下网络安全体系设计与建设研究[J]．网络安全技术与应用，2021（05）：111-112．

[10]高博．基于大数据的计算机网络安全体系构建对策[J]．现代信息科技，2020，4（12）：134-135+139．

[11]谷潇．高校计算机网络安全体系构建研究[J]．今日财富：中国知识产权，2019（05）：201．

[12]郭晋勇，林廷劈. 新形势下高校网络安全体系研究与设计[J]. 哈尔滨职业技术学院学报，2022（03）：127-130.

[13]韩永刚. 基于内生安全的新一代网络安全体系构建思路[J]. 网信军民融合，2021（07）：51-54.

[14]胡亚明. 现代电子商务网络安全体系建设与研究[J]. 信息与电脑（理论版），2020，32（16）：191-192.

[15]黄衍忠. 计算机网络安全体系的一种框架结构及其应用[J]. 信息记录材料，2020，21（09）：198-200.

[16]姬铖，孙燕，郝云龙，等. 高校计算机网络安全体系构建研究[J]. 信息与电脑（理论版），2020，32（15）：209-211.

[17]孔德亮. 构建面向大数据的网络安全体系[J]. 软件和集成电路，2022（08）：68.

[18]李果. 计算机网络安全体系的一种框架结构及其应用[J]. 电脑知识与技术，2021，17（31）：57-59.

[19]李明杰，张英华. 大数据时代计算机网络安全体系构建[J]. 中国管理信息化，2020，23（02）：148-149.

[20]刘方圆. 刍议大数据背景下的网络安全体系构建[J]. 计算机产品与流通，2019（05）：43.

[21]刘俊杉，段莉. 等级保护 2. 0 下通信系统网络安全体系研究[J]. 互联网天地，2020（05）：33-40.

[22]刘开芬. 大数据时代计算机网络安全体系构建[J]. 办公自动化，2022，27（20）：16-18.

[23]刘鲁昊. 计算机网络安全体系的一种框架结构及其应用[J]. 信息与电脑（理论版），2020，32（18）：41-42.

[24]刘英娜. 大数据时代背景下的计算机网络安全体系构建[J]. 计算机产品与流通，2019（09）：46.

[25]刘跃鸿. 一种基于人工智能的多层次网络安全体系研究与设计[J]. 网

络安全技术与应用，2021（12）：30-31.

[26]鲁翠柳. 网络安全体系与网络应用技术研究[M]. 延吉：延边大学出版社，2019.

[27]鲁智敏，张磊. 基于态势感知的网络安全体系部署与价值分析[C]//公安部第三研究所，江苏省公安厅，无锡市公安局. 2019 中国网络安全等级保护和关键信息基础设施保护大会论文集. [出版者不详]，2019：112-115.

[28]罗奇伟. 数字政府网络安全体系建设的实践与思考[J]. 中国信息安全，2022（08）：39-42.

[29]毛得明，冯毓，张淑文. 网络空间安全问题分析与体系研究[M]. 拉萨：西藏人民出版社，2020.

[30]平恩鹏. 高校网络安全体系设计与研究[J]. 信息与电脑（理论版），2019，31（21）：192-194.

[31]齐向东. 面向新基建，用内生安全框架支撑网络安全体系建设[J]. 中国科技产业，2020（08）：18-21.

[32]奇安信战略咨询规划部，奇安信行业安全研究中心. 内生安全[M]. 北京：人民邮电出版社，2021.

[33]王发华，王博宇，曹雨晴，等. 三位一体工业互联网网络安全体系建设研究[J]. 长江信息通信，2023，36（02）：179-181.

[34]王洪伟. 智慧校园网络安全体系构建[J]. 软件，2022，43（04）：139-141.

[35]王健. 融媒体平台网络安全体系建设实例浅析[J]. 中国有线电视，2021（05）：500-504.

[36]王颉，王厚奎，郑明，等. 浅谈网络安全体系下的软件安全开发人才培养[J]. 网络空间安全，2020，11（01）：57-60.

[37]闻帅，梁云. 智慧校园环境下网络安全体系建设研究[J]. 铜陵学院学报，2022，21（03）：99-103.

[38]伍爱群，姜胜明. 上海数字化转型中网络安全体系建设的思考[J]. 科

技中国，2021（06）：70-73.

[39]夏树. 零信任安全 网络安全体系建设的新趋势[J]. 数据，2021(1)：24-25.

[40]肖俊枫. 计算机网络安全体系的一种框架结构及其应用研究[J]. 科学技术创新，2019（10）：92-93.

[41]熊镇斌. 计算机网络安全体系的一种框架结构及应用研究[J]. 无线互联科技，2022，19（20）：152-154.

[42]徐喆. 融媒体平台网络安全体系的构建与探索[J]. 网络安全和信息化，2022（06）：109-111.

[43]闫怀志. 网络空间安全体系能力生成、度量及评估理论与方法[M]. 北京：科学出版社，2020.

[44]杨照峰，樊爱宛，彭统乾. 基于大数据环境下的计算机网络安全体系搭建思路探究[J]. 信息技术与信息化，2019（11）：148-150.

[45]姚宏. 网络信息传播特征统计及通信安全体系建构[M]. 武汉：湖北科学技术出版社，2020.

[46]袁胜. 齐向东. 数字经济时代的新型网络安全体系建设方法[J]. 中国信息安全，2020（10）：24-27.

[47]张建标，林莉. 网络安全体系结构[M]. 北京：科学出版社，2021.

[48]张耀东，吉俊峰，马晓瑛. 融媒体平台网络安全体系的构建与探索[J]. 现代电视技术，2018（10）：117-120.

[49]张媛，贾晓霞. 计算机网络安全与防御策略[M]. 天津：天津科学技术出版社，2019.

[50]张振红. 数据挖掘技术在深度防御网络安全体系中的应用[J]. 科技创新与应用，2022，12（17）：161-164.

[51]赵云鹏. 大数据时代背景下的计算机网络安全体系构建[J]. 电子技术与软件工程，2019（09）：187-188.

[52]周蒙，裘岱. 网络安全纵深防护体系实践[J]. 现代信息科技，2020，

4（24）：97-100.

[53]朱超军.网络安全与网络行为研究[M].北京：北京理工大学出版社，2019.

[54]朱健平，庞伟文.智慧监狱中的网络安全体系建设：推进智慧监狱建设与大数据网络安全应用的思考[J].司法警官职业教育研究，2021，2（01）：1-6.

[55]朱志鹏.计算机网络安全体系的一种框架结构及其应用[J].农家参谋，2020（20）：133.